分钟减压

Minute Decompression

郝正文 著

企业管理出版社

图书在版编目（CIP）数据

一分钟减压 / 郝正文著. -- 北京：企业管理出版社, 2016.6
ISBN 978-7-5164-1277-0

Ⅰ. ①—… Ⅱ. ①郝… Ⅲ. ①心理压力—心理调节—通俗读物 Ⅳ. ①B842.6-49

中国版本图书馆CIP数据核字(2016)第100790号

书　　名：	一分钟减压	
作　　者：	郝正文	
责任编辑：	徐金凤	
书　　号：	ISBN 978-7-5164-1277-0	
出版发行：	企业管理出版社	
地　　址：	北京市海淀区紫竹院南路17号　　邮　编：100048	
网　　址：	http://www.emph.cn	
电　　话：	总编室（010）68701719　发行部（010）68701816 编辑部（010）68701638	
电子信箱：	80147@sina.com	
印　　刷：	北京宝昌彩色印刷有限公司	
经　　销：	新华书店	
规　　格：	130毫米×190毫米　32开本　6.5印张　90千字	
版　　次：	2016年6月第1版　2016年6月第1次印刷	
定　　价：	29.80元	

版权所有　翻印必究 · 印装有误　负责调换

缘起

一分钟减压，可能吗？

回答是：肯定能，只要你愿意！

在互联网和微信时代，压力多如牛毛，减得过来么？

回答是：凡是能感知到的压力就能减轻；凡是感知不到的压力，也几乎不存在。

一分钟减压，需要多久才可以学会呢？

回答是：懂了，立马就会。不懂，就从感知开始！

上面的话，你有感觉？还是没有感觉？

如果有感觉，那么恭喜你，我们将一起前行。

如果没有感觉，那么也恭喜你，说明你暂时根本就不需要减压，祝福你。

至此，我想说说我为什么会写《一分钟减压》这本书。

8年前，我为了解决自己及无数和我一样因职业倦怠感（无压力感的压力）问题而出来创业。其间，我一方面报读国际名师的课程，深度探究职业倦怠的根源；另一方面邀请国内各流派知名培训师来公司为学员们讲"静心""冥想""减压""正念"的课程。一时间，减压的方法举不胜举；职业倦怠的根源研究却起色不大。相反，大家普遍感觉：在既有的工作岗位、职位上坚守5~8年的人，实在难以激起更大的工作兴趣，其状况类似于婚姻中的7年之痒。

出来创业期间，因为我有国际金融保险的职业经历，有"北美高级寿险管理师"的资质，有心理学的专业背景，还有国家注册心理咨询师的证书。同时，我一直持续不断地向国际名师取经，于是我为平安寿险、平安健康险、平安养老险、平安信托、友邦保险、新华保险、太平保险、太平洋保险、泰康人寿、

缘起

生命人寿、中亿人寿、中德安联保险、工商银行、交通银行、民泰银行、东方证券等公司的业务高管、总监及一线TOP精英们讲课，讲"一分钟减压""正确的销售心态""深度情绪与压力管理""6秒改变职场情商""自师与情商领导力"等课程。虽然每次讲课时大家都兴奋不已，然而，课后有资深学员问起："老师，听了您的课，我深受启发，可是在工作上、生活上碰到相似的压力情境，一不小心，还是会愤怒、倦怠。然后呢？"

然后呢？

……

难道还有更"究竟"的方法或可能性么？

那么到底是有？还是没有呢？

……

其实，每当这个时候，我都隐隐约约地感觉到："在压力这件事情上，如同剥大葱，我似乎还没剥开最后那一层。那一层看似很嫩、很小，却非一般人可企及。未企及者要想将压力这件事讲透，并从自己开始，说到做到，却非易事。"

现在回想起来，本质上，那时还是没懂压力的来龙去脉，或者说压力与人的关联。

2015年1月，我的第一本书《不惑之道》经由上海人民出版社出版。之后，无数热心的读者反馈："老师，写到我心里了，我几乎是一夜读完的呢！"

当然，更多的读者反馈："老师，写得太深了，要是能有更多的案例就更好了。"

还有无数的人说："老师，我还年轻，离不惑还很远。我的问题是：'现在压力太大了，要工作、要买房、要养孩子，还要应酬，太累了，我不知道该怎么办？咨询和减压都不知道从何做起。'"

……

是啊！不要说做，听着都累呢！尤其是在北上广

缘起

深这些一线城市。

那么不工作,是不是就没有压力,无事一身轻了呢?

无独有偶,我于2015年3月起参与了《今天如何做长者》丛书(已于2015年8月由复旦大学出版社出版)的调研、访谈工作,并参与了部分章节的撰写工作。其中特别让我诧异的是:通过对很多50多岁、60多岁、70多岁、80多岁,甚至90多岁的上海老人的访谈发现:退休,没有了工作压力,并不是幸福人生的开始,而是退休离群寡居之后,新的身心疾病的重要来源之一。

相反:有些长者虽然已经八九十岁了,却依然耳清目明。他们的秘诀是:融入同龄群体,保持必要的工作量,在服务他人的过程中,保持身体适度的紧张与活力。

至此,大家能感受到压力与工作、健康之间的关联了吗？

人在工作的时候，如果压力过大，就会影响绩效，甚至会危害健康。

人退休了，不工作了，没有压力了，反而更会枯萎。

由此说来，压力与健康、工作之间的关系，如同中国的太极：需阴阳平衡。

总之，互联网时代注定是一个压力无所不在的时代。

一分钟减压，本来就存在，我只是因为兴趣与专业，将之表达出来而已。

也许，明天的幸福和成功之道取决于：懂得了压力管理之道吧！

至少，无论压力大小，人可以活得轻松一点、健康一点吧！

2016-1-25 于上海

目录
CONTENTS

人人都需要懂点减压常识/1

"减压常识"如同吃饭、睡觉一样平常和重要/2

    压力会导致吃饭、睡觉不正常/2

    懂点减压常识才能及时给自己减压/4

压力来去,就在一念,求人莫若求己快/6

    压力既能一念升起,也能一念减压/6

每个人对压力的感受是不同的/8

    因为懂得,所以慈悲/8

    懂点减压常识,才能与人和谐共处/12

重新定义压力/15

什么是压力/16

    压力的定义/16

为什么要重新定义压力/17

  自己正在承受的压力是什么，只有自己知道/17

  自己所能承受的压力大小，只有自己知道/18

  外在所有的减压资讯、方法和技巧，有用或者没用，谁有心谁定义/20

如何重新定义压力/22

一分钟减压Ⅰ：深呼吸法/25

什么是深呼吸法/26

  深呼吸的技巧/28

  深呼吸法应用举例/29

  深呼吸的功用/32

深呼吸法为什么有如此神奇妙用呢/32

  深呼吸的生理机制/34

  深呼吸减压法，无处不用/35

  小结一下，请牢记下面几句话/38

目录

一分钟减压2：金鸡独立法/39

什么是金鸡独立法/40

金鸡独立法的减压原理/40

金鸡独立法的适用前提/41

适用状态/42

金鸡独立法的特别静心（快速情绪调节）功效/43

一分钟减压3：呐喊法/45

什么是呐喊法/46

呐喊法的减压原理/46

呐喊法减压的注意事项/52

一分钟减压4：惊涛拍岸法/57

什么是惊涛拍岸法/58

什么是负面能量/58

一分钟减压5：香纳法/65

什么是香纳法/66

香纳的吸收途径/67

香纳减压法共分三步/67

香纳法的更深层意义/68

一分钟减压6：一念反转法/73

什么是一念反转法/74

"一念反转"的减压逻辑/76

"一念反转"的适用情境/79

一分钟减压7：观呼吸法/81

什么是观呼吸法/82

什么是"观"/82

观呼吸法有四个观照的点/84

观呼吸法与深呼吸法的异同比较/85

观呼吸的减压原理/85

观呼吸的操作方法/89

目录

观呼吸的价值/90

一分钟减压8：冥想法/93

什么是冥想法/94

冥想减压法的操作/94

冥想减压法的原理解析/96

一分钟减压9：榜样法/101

什么是榜样法/102

榜样法的减压原理/103

一分钟减压10：自师法/109

什么是自师减压法/110

自师法的减压前提/110

自师法减压的操作技巧/116

案例一：要不要辞职/117

案例二：要不要结婚？/119

一分钟减压

解读"一分钟减压"的原理/125

一分钟减压是完全可以做到的/126

　　压力在人体内形成的原理/126

　　"一分钟减压"的原理/136

高效减压,你必须知道的事/139

第一类:关于压力本身/140

　　情绪与压力到底是个什么关系/140

　　减压是自己的事/145

　　用量表做"压力"测试是否有用/147

　　过大的压力会对人的身体造成伤害/149

　　压力和遗传的关系/151

第二类:压力与家庭的关系/152

　　丧偶的压力相对较大/152

　　父母的压力模式对孩子的影响很大/154

　　如何化解生养孩子的压力/156

目录

　　如何应对青春期撞上更年期的压力/158

第三类：工作与压力/162

　　压力会对人的身体造成伤害/162

　　如何处理工作中的人际压力/166

　　如何处理工作中的业绩压力/167

　　人工作的动力到底是什么/169

　　在工作中，如何构建健康的压力支持系统/171

主动减压，你必须做的10件事/175

后记/189

一 分 钟 减 压
One Minute Decompression

人人都需要懂点减压常识

"减压常识"如同吃饭、睡觉一样平常和重要

压力会导致吃饭、睡觉不正常

我们都知道,一个正常人一日三餐,一天睡6~8小时,这是常识;我们还知道,吃饭、睡觉是人健康活着最应该且必须保证的事。同理,如果一个成年人在吃饭、睡觉的事上不正常了,基本都是压力惹的祸。

例如,如果一个孩子三餐不想吃,大人们肯定得急死;如果一个成年人三天吃不进任何东西,那么一定是摊上大事了,包括大病,对吗?

对于成年人而言,什么时候吃、什么时候睡,或早了、或晚了,或多了、或少了,自己心理都有数,主动权掌握在自己手上;或者时间一到,该吃、该睡,自己的心理、行为上都会发出一些体征信号。

例如,到了中午12点,如果一个企业还在开

会；如果一个教室还在上课，基本上这样的坚持都是无效或者低效的，因为几乎90%以上的人的生物钟都被"安排"在12点左右吃中餐。所以，12点一到，人们无论在办公室，还是在培训室，在心理或者生理上都会不约而同地产生"饥饿感"，同时这个"感觉"还会抑制（关闭）几乎所有别的大脑兴奋区域，只剩下"肚子饿了，饿了，饿了"那根神经在自发高效地工作，且不以人的主观意志为转移。聪明的领导或者培训师都心知肚明：如果不是性命关天的事，再重要的会议、再优秀的课程，也绝对不要与与会者和培训对象的"空腹"去争宠。

压力也是一样。人的身体、心理、精神，没有压力就是没有，心底无事天地宽；而有压力就是有压力，逃避、压抑或者与之抗衡，也许能管得了一时，有些压力或迟或早都是必须正面面对和解决的，否则压力过大或过久，迟早都会危及到吃饭和睡觉。

比方说，同样是到了中午12点，通常情况下，如果有人突然遭遇失恋、落选、解聘等压力事件时，人是感受不到饥饿的，因为比饥饿感更强烈的失落感、挫败感、压抑感、恐惧感等"控制"了人的整个大脑兴奋中枢。生活中，"茶饭不思，夜不能寐"就是指的人在高压状态下，非正常的生命现象。

"茶饭不思，夜不能寐"如果只是偶尔为之，则无伤大雅；如果吃饭和睡觉长期不正常，长此以往，或多或少，或大或小都会对人的健康造成不同程度的损伤，有的时候甚至会危及生命。

懂点减压常识才能及时给自己减压

如果我们懂一点减压常识的话，我们会发现：压力无论大小，或多或少都会反映在我们的吃和睡上，简单一点的如：这餐我们吃多了，下一餐我们就少吃点；今天睡少了，明晚我们再多睡一下。

即使遇到一些重大的压力事件影响了我们的吃

饭、睡眠，只要我们懂得一点减压常识，我们就会如同金庸武侠小说中的高人一样，**对人对己，既懂得"点穴制人"，也懂得"点穴解锁"**。举例来说，假如今天感觉自己特别焦虑，特别着急，特别容易对人、对事发火，于是很快觉察到或许自己被"焦虑"点穴了。接着，自己就应找个安静的地方，慢慢回忆一番，看看"焦虑穴"锁在什么地方了，然后花点时间，自己将它"解锁"，这样工作生活，岂不简单快乐得多？

换句话说，在日常生活中，如果我们稍懂一点压力常识：**当压力来时，我们知道"压力来了"；当压力大时，我们很快能感知到"压力大了"**。压力不能再大了，我们首先应该停下来，做几个深呼吸让自己平静下来，然后理性地检视一下：在我们正在进行的事件中，哪些需要更进一步，哪些需要多退一步。适时进退，一方面更有利于事情的顺利完成；另一方面，也可起到及时"减压或降压"的效果。至少在高压之下，用一些心理学方法，减小压力感对人的心脏、血管等身体机能的伤害；或者通过深呼吸、冥想、放松等方式先将自己的血压、心跳调整到可以承受的限度内。这样，无论我们身处职场、生活道场，才有可能做到健康工作、健康生活，利人利己，相得益彰。相信，不伤人、不伤己的工作状态，应该是我们每一个人进入职场的初衷吧！

压力来去，就在一念，求人莫若求己快

压力看起来复杂，实际上"压力"来时、去时都源于人的一念；也就是说："减压"本质上，就在一念，求人不如求自己。

压力既能一念升起，也能一念减压

毋庸置疑，自己压力大或者不大，"一念心起"是善是恶，最快知道的人只有自己！最起码，知道自

己有没有生气、焦虑、不安、恐惧、悲伤等；而这些情绪产生的时候通常都会伴随有相应的生理反应：心跳加快、血压升高、心慌气短等。情绪也罢，生理现象也罢，其实都是非常态压力下的典型生理、心理反映。

人的压力、情绪，包括血压、心跳，既不会凭空来，当然也不会凭空去。

通过接受一些训练，我们就会知道，很多的压力既然能一念升起，也一定能一念减压或降压，如此妙用，何乐而不学一点、懂一点呢？

至少，我们应知道"焦虑、不安、恐惧、悲伤"等情绪都没有对错之分。它们都只是人在压力状态下的最典型的心理反映之一。这些情绪在内心积压久了，就会伤人，最大可能是伤害自己的心脏、血管、神经细胞等身体器官。

更为重要的是：高压一旦存在，如果自己不知道，也不懂得如何去求助减压，非要等到自己身心状态"扛不住"才去求救，或等到东窗事发才明白：一切都是压力惹的祸！则为时晚矣，至少补救成本极高。正在进行心理治疗的病例无一不是最好的佐证。当然更糟糕的结果就是：得了不可逆转的精神病。

每个人对压力的感受是不同的

因为懂得，所以慈悲

中国知名女作家张爱玲有一句名言：因为懂得，所以慈悲。这个意思就是说，如果你懂得压力的来龙去脉，懂得减压，就千万要用，要传播出去。

一般来说，压力因人与人的不同而起，也因人与人的不同而灭。所以，人与人之间，要做到相互懂得且慈悲，确非容易。

生活中最常见的情况是：你不是我，你怎么知道我的感受和压力呢！

其情形如庄子曾在《秋水》里与惠子对话：

庄子曰："儵鱼出游从容，是鱼之乐也？"

惠子曰："子非鱼，安知鱼之乐？"

庄子曰："子非我，安知我不知鱼之乐？"

惠子曰："我非子，固不知子矣；子固非鱼也，子之不知鱼之乐，全矣。"

"你非我，安知我的苦与乐？"

这一点，说到容易做到难。尤其是在具体的工作场景与生活情景之下，能做到就更不容易了。

生活中，比如亲子之间：父母不懂孩子的压力，孩子不懂父母的压力；夫妻之间：男人不懂女人的压力，女人不懂男人的压力；职场里：领导不懂员工的压力，员工不懂领导的压力；"70后"不懂"80后"，"85后"不懂"90后"……

一切的根源在于：人与人是不同的！

人与人最大的不同就在于：阅历不同，角度不同，每个人对压力的感知就非常不同。十分遗憾的是：我们只要与人在一起，就总是期待与自己相处或共事的那个人能成为天底下最懂自己的那个人。

父母都希望孩子事事听自己的，孩子都期待父母能事事听由自己做主。

老师都期待学生天生聪慧；学生都期待老师能点石成金。

领导都期待员工超常工作；员工都期待领导天天加薪。

买家都希望价廉物美；卖家都希望每件商品都被抢购一空。

在自己的上班路上，希望人人都放假；自己休假的时候，希望别人都上班。

我开心的时候，你开不开心不重要，重要的是：我不开心的时候，你最好也不开心。

我喜不喜欢你，与你无关；你喜不喜欢我，我说了算。

其实，人与人在一起有期待、有压力、有矛盾是非常正常的一件事。真实的情况是：当我们与他人在一起的时候，既没有自己想象得那么简单单纯，也不如我们曾经经历的或者如他人描述的那么复杂、困难。

最重要的是：我首先要懂自己。懂自己的意思是：当下感受，正确表达。否则，一直纠结于："你非我，安知我的苦与乐？"不仅于事无补，还愁上添愁。

既然人与人是不同的。我怎么就能确认对方是在懂我的情况下，故意做出让我伤心的事呢？

既然人与人是不同的。对方在不懂我的情况下的所作所为，我为什么要伤心、愤怒呢？

既然他不懂我，为什么我对他所说的话要那么"念念不忘"甚至记恨在心呢？

既然我不是他，我为什么一定要他按我的意志行事，甚至操控他的人生呢？

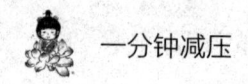

既然伤心、愤怒会伤人，我为什么不去想想自己伤心、愤怒背后的逻辑到底是操之在我？还是操之在人呢？

更加值得一提的是：当我们事后求助的时候，还会选择性地遗漏，会自动地扭曲事发时的信息与感受；当我们向专家咨询与反馈的时候，也会被专家对我们提供的信息"再加工、再遗漏、再扭曲一次"，于是内在压力的准确反馈就变得更加离谱了。有道是"病急乱投医"。其实，更多的责任在于：我们自己并没有准确地感知与表达我们的"病因（压力源）"是什么。如此这般，"病急乱投医"的效果当然可想而知。

懂点减压常识，才能与人和谐共处

由此说来，如果每个人都懂一点减压常识，也就是说：**在与人共处的场景下，一方面我们事先达成一些共识，比如"允许生气的时候不沟通，一方生气的时候，另一方不要急于接话"；或者建立一些比较开放的沟通机制，约定"当大拇指指向自己时"表示自己非常生气；或者当自己气愤异常时，用手做一个"暂停手势"表示自己当下不太适合说话，至少懂得"停几秒后"再向对方反馈。这样，无论对当事者本人，还是对压力的制造方来说，都是一件"慈悲"的事。

从现在起，你用下面这些话，现场试试看，是不是感觉完全不一样？

"领导，听到你这样说，我感觉非常有压力……"

"爸/妈，听到你这样说，我感觉非常难过……"

"老公/老婆，听到你这样说，我感觉非常生气……"

当然，关于压力和减压的事，要真的懂得并做到，一定不止于此。

尤其是懂得并做到"一分钟减压"的事，我们还需要做很多功课。

一分钟减压
One Minute Decompression

重新定义压力

什么是压力

压力的定义

关于压力，也许你没有感觉？也许你非常有感觉？也许你有定义，也许你从来没想过为压力"下定义"。无论你以前的定义、概念、印象、感受是什么样的，如果我们真心期待自己能做到"一分钟减压"，那么，我们需要在压力的定义上，建立共同的前提。

用一句话定义"压力"就是：凡引发人身、心、精神异常变化或体验的，都称为压力。换句话说：**压力即异常变化**。这个定义，至少包含这样三层意思：

第一，人生的异常变化无处不在，因此，压力也无处不在。

第二，异常变化有主动与被动之分。被动的变化造成的压力更容易伤人。

第三，压力具有两极性：压力既可成就人，也可伤害人。

重新定义压力

为什么要重新定义压力

自己正在承受的压力是什么,只有自己知道

尽管人们常说:人生不如意十之八九。然而,具体到每一个人身上,自己的压力到底是什么?似乎除了自己,没有第二个人可以说得清楚,对吗?比如有些人辞职后,一个月内找不到工作,就急得不行;而有的人三个月,三年,甚至更长的时间没有工作,却既不影响他找到好的工作,也不影响他通过工作赚得名利。所以说,重要的不是急本身,而是急什么?为什么急?

面对同一件事,每个人的感受、理解、看法及所感受到的压力是非常不同的。特别是当我们压力非常大,想找个人说一说时,如果恰好这个人在你的压力事件上不是一路人,那么这种减压效果与"鸡同鸭讲"有什么分别呢?

更重要的是,当下几乎所有的企业都面临向互联

网+转型的趋势,在互联网的事情上,似乎"90后"更有发言权,而反应最迟钝的可能是目前身为企业掌门人的"60后""70后",可偏偏这两代人之间,几乎谁都看不上谁?要缓解这样的压力,似乎除了靠自己,谁都不好使。

所以说,自己的感受只有自己知道,自己的压力必须由自己定义。

自己所能承受的压力大小,只有自己知道

在大的压力事件面前,自己心理上、精神上到底正在承受多大的压力?最大限度可承受多大的压力?或者说到底发生什么样的事,才会在心理上、精神上对自己构成大的压力?似乎不是实际发生,每个人都无法预测和知晓,对吗?正所谓:听别人的遭遇都是故事,自己亲身经历过事故才有感觉。

在心理学上,虽然有一些量表可用于测量一个人的压力大小。然而,也可仔细想象一下:从压力事件的发生,到自己手上有量表可测的时候,中间可能

会相隔多长时间？这中间的压力大小到底是在不断地发酵增大？还是在不断地消减变小呢？加之量表本身在设计、制作的过程中，在题量、文字表达、常模的设计与统计上，其实都是有很大的局限性的，不是吗？另外，我们每一个人拿到量表施测时，还会因个人理解的不同，而对量表的原意存在不同程度的"曲解"，对吗？

纵观整个过程，到底谁是？谁非？谁对？谁错呢？没有定论，也没有权威。

至此，也许会有很多人问：平时，到底有没有一些方式让自己知道自己的压力大小呢？

个人以为，压力在自己的承受范围内时，我们的身心是不会有感觉的。

相反，**当我们的生理上、心理上、情绪上有异样时，如不思茶饭了，开始失眠了；做事说话感觉比以前急躁，而且动不动爱发脾气；常常感觉特别压抑、郁闷，且一直高兴不起来等。这时，可以确定自己的压力承受水平已经超过自己可以承受的正常范围了。举例来说：平时你的压力系数可能是40~60分，而出现以上生理、心理上的状况且持续3天以上者，大约可以肯定你的压力系数可能已经超过了80分了。

当然，压力可否承受的最终决定权在自己手中，尤其是当我们的神志还是清醒、正常的前提下时，没有人可以定义我们的压力感受（如果压力大到已经危及健康则另当别论）。

以上的话，你能明白吗？**结论只有一条：你自己感知到的压力最可靠。**

所以说，你的压力感受与承受力，只有你自己有资格定义。

外在所有的减压资讯、方法和技巧，有用或者没用，谁有心谁定义

何谓有心？即对减压有感觉、有疑惑、有需求的人。**谁是那个人呢？当然是自己。**

作为一名资深培训师，以"一分钟减压"为题，

重新定义压力

我曾为不少企业提供过培训，其中体会最深的就是：无论什么行业，企业都会更着重从时间成本、经费成本的角度去外聘讲师；而从讲师的角度看，当然更愿意从课程的"理—法—方—药"的完整性、实用性上，为学员提供相对完整的授课与辅导。

换句话说就是：无论老师为企业提供的课程时间长度是1小时、3小时、6小时，或者更长的时间，在减压的事情上，有意愿的人、有期待的人、爱学习的人，总能在关键的时候向老师提问，并在更短的时间内得到自己最想要的结果，无一例外。

曾经在网上、手机上有这样一段广为流传的话：

"一切都是最好的安排，

每个时间，都是对的时间；

每个遇见的人都是对的人；

所有发生的事都是该发生的！不多不少！"

这句话，非常精准地表达了在培训的"教"与"学"上的状态与效果，不是吗？

所以说，在企业有关"压力管理"的培训课上，企业做或者不做、老师讲多或者讲少、你有兴趣或者没有兴趣、听多或者听少，都是对的。因为，企业的事，企业决定；我的事，我决定；你的事，你决定。如果每个人都对结果负责，这个世界一定会更美好。

回到现实生活中，你的压力，我的压力，每个人的压力，由谁定义？由谁负责？

答案是：**除了自己，没有别人！也不可能有人替你负责。**

如何重新定义压力

对这个问题的回答，应该说，是我们整本书的核心所在，大致说来有以下几点思路：

第一，透过本书，或者本书所提供的一些参考信息，我们先对"压力"与"减压"的概念有一些基本的了解，并形成自己的"压力"定义：比如自己的

重新定义压力

压力以吃饭、睡觉不正常为标志；以自己的情绪有变化，有烦恼为标志；以自己的健康状况有异为标志。当然"一分钟减压"推荐以当下的感受为准，重点在：**立即感知，立即减压**。

第二，透过本书提供的一些技巧与方法，学会与自己沟通，**尤其是学会"觉知"自己的生理感受**（如血压、心跳、饥饿感等），心理感受（如满意与否、高兴与否），情绪感受（如恐惧、忧伤、内疚），**并试图快速解读感受背后的逻辑与因果，力争做到"负面情绪不过夜"，或者做到"悲而不伤"。**

第三，清楚地知道：周身压力对自己的激励价值与伤害底线，及时控制和调节不合理的压力干扰与影响，自知自制。

比如每天正常工作8小时，而10小时是底线。超过底限，要么事先有备选方案；要么及时调节工作节奏。同时，绝对不能因为"报酬非常高""命令太死"而"死撑自己"，否则，后果自负。因为，3岁

一分钟减压

小孩都知道：一旦吃饱了，打死了也不会再吃的，对吗？

如果你过去常常出现"吃饱了，还死撑的情况"，那么现在就要立即学会变通，否则，没有人会救你，因为"饱还是饿"，只有自己知道。

公司制度也好，劳动法也罢，一定是希望员工天天健健康康地上班。

第四，掌握一些适合自己的"一分钟减压"技巧，活学活用，清明自在。

本书为大家提供了10种不同的"一分钟减压技巧"，以适应不同的压力情境。

详见后面的相关章节。

以上四点，都属于"重新定义压力"的范畴，最重要的不是知道，而是做到！

一 分 钟 减 压
One Minute Decompression

一分钟减压1：深呼吸法

什么是深呼吸法？

在回答这个问题前，我们先感受一下这样一些场景：

场景一：你正走在去高考的路上，你外表平静，内心紧张无比，手心一直出汗；

场景二： 你正准备参加一个大型高端职位的竞聘演讲，上台前心脏咚咚跳个不停；

场景三：你正开车行驶在高速公路上，突然接到电话说：家人遇车祸正在ICU病房急救；

场景四：你正在主持公司的高管战略会，突然有人破门而入说："你被停职检查！"

……

想象一下，当事人是你、我或者他，在那个时刻，我们可能会做什么？

紧张？焦虑？恐惧？担心？愤怒？

大脑空白？说错话？做错题？开错车？掀翻桌椅？

一分钟减压1：深呼吸法

大喊？大叫？大哭大闹？报警？爆打一顿，先出口恶气再说？

告诉自己：不要紧张！不要紧张！

告诉自己：放松，放松，深呼吸！

是的，深呼吸！深呼吸！

对，在上面所有的场景中，你唯一正确的选择就是：放松！深呼吸！放松！深呼吸！

除深呼吸外，别的做法都于事无补！

除深呼吸外，当下所有的冲动都可能会令你后悔莫及！

除深呼吸外，没有比这更快、更便捷、更高效的减压方法！

信不信，都请往下看！

当然，如果将"不要紧张"修改为"放松！放松！"也是非常好的缓兵之计！

相比于深呼吸，其他所有的选择都可以放在第

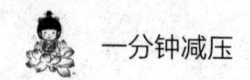

二，甚至第三位。

结论是："深呼吸"是人们日常工作与生活中应对紧急、突发压力事件的不二法门。

且老少无欺。

深呼吸的技巧

在保证自己当下还是一个神志相对清醒的人的前提下，做做深呼吸。深呼吸的操作共三步：

第一步：先深深地吸进一口气，直至感觉吸进的气胀满腹部为止。

第二步：屏气10~15秒。

第三步：然后慢慢、慢慢地将气呼出去。

重复以上三步3~5次或更多，以自己完全安静下来为限。

想想生命中，你所经历过的任何重大的第一次，是不是都是这样过来的？借助深呼吸，不到一分钟，人就会从混乱的情绪脑状态，大致回归到清醒的理智

一分钟减压1：深呼吸法

脑状态。

还有，请牢记：

对于一个正常的成年人而言，无论多么奇葩的突发事件，在保证生命安全的前提下，只有在冷静、安静、理智的状态下，人才会有无数正确的、多赢的选择！

深呼吸法应用举例

场景1：你正走在去高考考场的路上，外表平静，内心却紧张，手心一直出汗。

接下来，你保持深呼吸3~5次或更多，奇迹就会出现：**你安静下来了，你发挥正常！**或者，边深呼吸，边怀抱这样的信念：即使发挥失常，要么来年再考，要么先工作，同时通过自学考大学等，都是读书的正道、都是可以接受的。**这句话的潜台词是说：人越是有退路，或者先想好了好、中、差的结果，其紧张的程度越容易通过深呼吸减低到正常水平。**

场景2：你正准备参加一个大型高端职位的竞选

演讲，上台前心脏咚咚跳个不停。

接下来，你保持深呼吸3~5次或更多，奇迹就会出现：**你安静下来，你发挥正常！** 或者，边深呼吸，边怀抱这样的信念：即使失利，今天竞选不上，并不代表明天竞选不成功；或者换一种活法照样可以精彩。**这句话的潜台词是说：人越是有退路越不容易过分紧张；或者先想好了好、中、差的结果，其紧张的程度越容易通过深呼吸减低到正常水平。**

场景3：你正开车行驶在高速公路上，突然接到电话说：家人遇车祸正在医院ICU病房急救。

接下来，你保持深呼吸3~5次或更多，奇迹就会出现：你安静下来，来到ICU病房门口！家人已脱离危险！

或者，边深呼吸，边怀抱这样的信念：ICU病房不是为某一个人开的，也不是今天才开的，对吗？无论在ICU病房里面的人，还是在ICU病房外面的人，

一分钟减压1：深呼吸法

每个人的生命都有N种可能性！无论生命最后的结果是什么，那都是必须客观、冷静面对的结果，对吗？**这句话的潜台词是说：人越冷静、淡定，才越可能避免"祸不单行"的悲剧发生！**

场景4：你正在主持公司的高管战略会，突然有人破门而入说："你被停职检查！"

接下来，你保持深呼吸3~5次或更多，你安静下来，让事情朝着它原本的方向发展。

或者，边深呼吸，边怀抱这样的信念：破门通知的人错了？或者你错了？都是有可能的，对吗？即使自己错了，那又怎样？无非是重头再来，天底下重头再来的事，少则千万吧？**这句话的潜台词是：发生了就是发生了，是福不是祸，是祸躲不过。相信一切都是最好的安排。人，一旦安静下来，事情就会朝着好的方向发展。**

也许，现在你身边正好有一些非预期的突发事

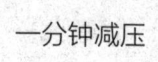

件，不妨用深呼吸法试试。

深呼吸的功用

中国的儒家、道家、佛学的修身之道无不是从关注深呼吸开始的。儒家的"正襟危坐"、道家的"坐忘心斋"、佛家的"观自在"等，都是从深呼吸入门。

心理学的放松、催眠、咨询技巧，也无不是从深呼吸着手。

瑜伽门类繁多，无论哪门哪派，一律从关注呼吸开始。

当今热门的禅宗、灵修、冥想法门，也无一不是从深呼吸开始练习的。

即使是目前最具挑战性的竞技体育与各类大赛的临场技巧，也都是深呼吸。

深呼吸法为什么有如此神奇妙用呢

你可以想象一下，如果一个人没有呼吸会怎样？

一分钟减压1：深呼吸法

在医学上或日常生活中，人们判断一个人是死、是活的首要方法就是：感受鼻息。即是否还有呼吸现象。

如果你去过西藏或者高原缺氧的地区，深度体验过缺氧的痛苦，就会感叹呼吸的神奇。

如果你见识过儒、释、道、禅宗、瑜伽、灵修、心理学催眠等修身方法，你会神奇地发现一个秘密："**深呼吸"是一切形而上学问的共修法门。**

如果你现在停下手头所有的工作，屏气20秒、30秒，或者更长一点，在充分体验"窒息感"的过程中，你会发现：大脑立即一片空白。

由此你会进一步发现：

人的生命就在一呼一吸之间。

呼吸是见证生命存亡的唯一体征。

人在缺氧的前提下，大脑会呈现思考困难，或大脑一片空白的状态。

在意外面前，自知自救的第一步就是：保持呼

吸！深呼吸！

在呼吸困难的情况下，不宜做任何重大的决定——冲动是魔鬼！

深呼吸的生理机制

人在运动、兴奋、紧张、应急状态下，人体的交感神经会处于兴奋状态，同时，血管会收缩、心搏加强、肾上腺素和去甲肾上腺素分泌旺盛，新陈代谢亢进、瞳孔扩大、肌肉工作能力增加等，此时，也是人体能量消耗最大的时候。

相反，当人处于平静、安静、休息状态时，交感神经进入抑制状态，而副交感神经会进入兴奋状态，此时会有心搏减慢、血管舒张、消化腺分泌增加，瞳孔缩小和膀胱收缩等反应，此时，也是人体的身体机能恢复最快的时候。

无数的科学实验表明：人的交感神经与副交感神经无法同步兴奋。

当人在应急状态下，如考试、演讲、刺激性的电

一分钟减压1：深呼吸法

话、突发性的事件或通知，保持深呼吸会让人在最短的时间内，保证大脑充分供氧；让人的交感神经快速进入抑制状态；让副交感神经进入兴奋状态。由此，减压的功能也就实现了。

这正是深呼吸的神奇与伟大之处。

深呼吸减压法，无处不用

深呼吸，除了快速减压，还可以用在以下场合：

清早醒来，起床前，先做3~5次深呼吸，一是减少身体意外；二是让自己快速清醒。

早上临出门前，先做3~5次深呼吸，并告诫自己：生命大于一切。如此，意外事故率就会大幅度下降。

如果在上班路上，遭遇堵车心烦气燥时，先做3~5次深呼吸，然后问自己：此时，还有第二种、第三种选择么？如果有，请马上执行；如果没有，就再做3~5次深呼吸，让自己安静下来，静观其变。

如果因上班迟到被老板教训，深感郁闷，先做3~5次深呼吸，并告诫自己：批评就是帮助自己提高。

一分钟减压

如果正常上班中，突然接到客户打来"恶劣"的投诉电话，先做3~5次深呼吸，并告诫自己：世上没有无缘无故的爱和恨。发生什么，积极面对，就赢了！

如果中午在外就餐，突然发现饭菜中有头发、虫子。先做3~5次深呼吸，并告诫自己：我是来吃饭的。吃饭为大。

如果单位开会，结果所有的人都向着领导，而领导的决定明明是错的。先做3~5次深呼吸，并告诫自己：人在屋檐下，当然会低头！也许是自己错了吧？

如果你好不容易可以早下班去接孩子放学回家，结果发现：孩子因与同学打架，正站在教室门口被老师训斥，你气不打一处来。先做3~5次深呼吸，并告诫自己：正好，免得老师打电话请家长。来得早不如来得巧。

如果一不小心与孩子的老师发生口角，请马上闭

一分钟减压1：深呼吸法

嘴：深呼吸3~5次，并告诫自己：尊重他人就是尊重自己。尊重老师就是对孩子最好的教育。

如果原本你准备今天下班后，好好陪下配偶，结果意外发现配偶有外遇了。请马上屏息10秒，然后深呼吸3~10次！并告诫自己：也许只是一个谣言？也许是一个重要的警示？

……

读到此，也许，你已经明白了：深呼吸实在太好用了！

是的，重要的事情说三遍：

无论现实工作、生活中碰见多么奇葩的负面事件，先做3~5次深呼吸，并告诫自己：放松！冷静！先让自己平静下来！

2015年，你一定看过或听说过一个美国大片《星际穿越》，其中说到过一个非常有名的定律：墨菲定律（Murphy's Law）。其主要的含义是：**事情如果有变坏的可能，不管这种可能性有多小，它总会**

发生，或迟或早。

墨菲定律（Murphy's Law）的潜台词是：发生了，就是该发生的。

除了以上10种可能的压力事件，也许还有更多，或更严重、更具破坏性的事件发生在我们的生活之中。我只是以书为媒介，告诉每一个读者："深呼吸减压法"为"一分钟减压"之首，好用！简单！一学就会，且无所不用！

小结一下，请牢记下面几句话

对于一个正常的人而言，人生几十年，意外无处不在，或大或小，人人如此。

在突发的意外面前，只要有生命，能呼吸，并保持深呼吸3~5次，就会有解。

深呼吸，是应对一切突发的意外、紧张的不二法门，古今中外，无一例外。

减压本质上是一个自知自助的过程，深呼吸则是最便捷、高效的法门。

一分钟减压
One Minute Decompression

一分钟减压2: 金鸡独立法

什么是金鸡独立法

望文生义,即像金鸡一样单脚站立,以达到减压的目的。

具体说来,金鸡独立法有两个要点:

一是任意抬起一只脚站立,两手自然放在身体两侧;二是两眼微闭,注意力专注于脚底。

本方法的关键在第二点:两眼微闭,注意力专注于脚底。

如果眼睛不闭,大多数人可以站稳,还可以站立很久,然而一闭上双眼,就开始摇晃不已。所以,本方法的最大秘诀就是:闭眼站立,因摇晃而达到减压的目的。

金鸡独立法的减压原理

简单:站起来,单脚离地,闭眼即可。

神速:一分钟或5~10秒单脚闭眼站立,稍不留

一分钟减压2：金鸡独立法

神人即将歪倒而分散注意时，减压的效果就达成了；与此同时，因为人闭眼时容易歪倒，歪倒时收心、净心也就完成了。

易执行：工位上、电梯里、地铁上，室内室外，等人、等车时，随时随地可做。

功效大：人的脚上有六条重要的经络，单脚站立，虚弱的经络就会有酸痛感，同时得到了锻炼，各经络对应的脏腑也得到了调节（注：相对于泡脚疗法，这种方法似乎更主动、更经济，关键还可迅速达到调心、分散注意力的目的）。

金鸡独立法的适用前提

适用前提是要坚信：无论在职场，还是在家里，减压是自己的事。

换句话说，没有压力的工作几乎是不存在的。如果要等到领导让你减压，才知道减压，或者公司安排减压，才去减压，那么离"废人"也就不远了，或者

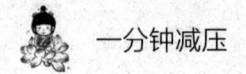

身体"废"了，或者脑子"废"了。

适用状态

每天工作时运动量不够或上下肢活动量不平衡，尤其是常年久坐、伏案过多、身体的上半部持续紧张地工作的人特别适用，如办公室文职人员、编辑、各类职业司机、IT人员、软件工程师、作家，等等。

因工作单调、枯燥容易诱发工作疲劳感，甚至瞌睡而误工、误事时，金鸡独立法有立竿见影之效。如司机疲劳驾驶时、开长会时、参加知识性密集的培训时。

因工作容易诱发颈椎病、腰椎病，或者已经有高血压、糖尿病症状的人，适用此法。

个性内向、不擅社交、平时不太爱运动、有压力不擅表达、不主动释放者，适用此法。

总之，金鸡独立法特别适合于因工作时间过长，或单一姿势过久引起的慢性压力。

一分钟减压2：金鸡独立法

金鸡独立法的特别静心（快速情绪调节）功效

大家可以体验一下：做金鸡独立时，睁眼容易站稳，闭眼容易摇晃。这其中的诀窍在于：**睁眼时，人们容易借助眼睛扫描的信息，找到参照物，以自动保持身体平衡；相反，眼睛闭合时，人的内平衡神经回路建立需要一定的时间；加之，人的注意力也处在十分紧张或涣散的状态，所以闭眼站立，人容易摇晃。**

金鸡独立一分钟减压的神奇功效就在于：摇晃。

摇晃，是人的一种本能的自我平衡与保护功能，人在摇晃状态下，注意力集中到"脚"上，以尽可能保持平衡，这样人大脑中上一秒钟的神经回路自然就断开了。通俗地说：摇晃，在心理学上起到了一个主动"打岔"的功能。

打岔是个什么概念呢？比方说：两个人激烈争吵，如果有人劝阻，就容易消停。

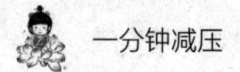

还有，平常大家有心理问题，找人诉说，或找心理咨询师咨询，有一部分功能也是将当事人从"一根筋"的状态打岔、还原到现实、多样、鲜活的状态。所以，从一定程度上说，金鸡独立法，是日常工作、生活中最便捷的"打断式"减压法。

平衡是人的身心健康的重要标志。更重要的是，金鸡独立法是通过"摇晃"快速让人的内外、上下主动平衡的方式之一。人在平衡和非平衡状态下，其精神、心理和情绪状态是有非常大的差别的，人的很多疾病都是在常年不平衡的状态下，日积月累的结果。

一 分 钟 减 压
One Minute Decompression

一分钟减压3: 呐喊法

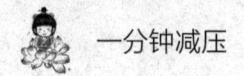

什么是呐喊法

望文生义，就是指大声喊叫、大声哭喊。

此处特指：将自己压力状态下的感受，用清晰的语言或声音大声喊出来。

举例：

我很生气！我非常生气！我非常非常生气！

我很郁闷！我非常郁闷！我非常非常郁闷！

我很压抑！我非常压抑！我非常非常压抑！

我很愤怒！我非常愤怒！我非常非常愤怒！

……

句型就是：我很××！我非常××！我非常非常××！

呐喊法的减压原理

本质上，呐喊法与K歌宣泄的性质是一样的：即将体内多余的能量合理地宣泄（清理）出来。

一分钟减压3：呐喊法

在效果上，呐喊法与K歌的不同在于：

呐喊前，必须先体会自己的感受，并用准确的情绪词表达出来。

"体会自己的感受"是人人都会的一件事，只是通常压抑太久，麻木了而已。

在心理学上有一种说法：体会到了自己的感受，压力已经减轻一半了。

在日常生活中也有一种说法：找到问题，离解决问题就很近了，不是吗？

比如：我感觉好累啊！（潜台词：累了，需要歇一下。）

我感觉好饿啊！（潜台词：饿了，需要吃东西了。）

我感觉好伤心啊！（潜台词：伤心了，需要安慰一下！或者问下自己：咋啦？）

另外，深度探究那些患有溃疡、肿瘤、癌症病人的病因，也会发现：**很多的人都有长期压抑的问题！**尤其是与自己性格、脾气差异较大的人相处，时间久了，不要说别人，连自己都难以意识到自己有压抑的情绪；再后来，各种疾病也就不请自来了。

生活中有一种说法是：通常不发脾气的人，惹急了，感觉会吃人；还有一种说法是：某些人，通常不生病，一生病就是大病。

以上种种，都是因长期压抑而对自己的些微身心变化麻木的结果，所以等到有反应时，当然就是大反应、大事、大病了。

呐喊时或呐喊后，至少可以马上"刹车"和"清理"不良的压力伤害。

稍有生活常识的人都知道：人有压力、有情绪，要装得没有，似乎容易一点；而没有压力，要装出有压力、装出很愤怒、很悲伤，却不是一件容易的事，至少像心跳加快，血压升高或异常这样的生理指标是

一分钟减压3：呐喊法

装不出来的，对吗？

由此说来，当我们有压力、有情绪，尤其是明显感觉到自己或对方：血压升高、心跳加快、手脚发抖时，我们需要马上对人、对事做应急处理，及时地喊出来、叫出来、哭出来，可以避免不必要的被动伤害或意外发生。

可以想象一下，在正常的工作关系或家庭关系中，有下面的场景发生：

老板，您这样不相信我，让我感觉很委屈，非常非常委屈！

主管，您刚才用那种口气命令我，让我感觉很压抑，非常非常压抑！

老妈，您这样强迫我嫁/娶，让我感觉很痛苦，非常非常痛苦！

老公，你这样干涉我的自由，让我感觉很气愤，非常非常气愤！

一分钟减压

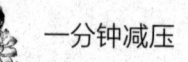

老婆，你这样老是怀疑我、跟踪我，让我感觉很受伤，非常非常受伤！

老师，您刚才骂我"低能"，让我感觉很受污辱，非常非常受不了！

……

上面的场景，你有感觉吗？你能感受到接下来会发生什么吗？

至少，与你亲近的人之间，比如配偶、孩子、父母、老师、领导、主管等，一次、两次、三次用这种方式，将内心的不快表达出来之后，对方因无意识对你造成的伤害会马上"刹车"和"清理"！更重要的是在与人互动时，那些特别容易伤人的语言和行为模式，也不会一而再、再而三地发生了！由此，N多的肿瘤可能性也被"制止"了！何乐而不为呢？

你可以马上在家里，与自己最亲近的人一起试试

一分钟减压3：呐喊法

看，一次、两次，体验一下会更相信。

我个人的体会是：当面表达，人际关系会明显改善，至少不会瞎生闷气了。并且，还有如下四点好处：

第一，彼此因误会而产生的冲突不会升级。

第二，彼此的误会，立即得以澄清，有问题也会得以解决。

第三，人际交往之中，因语言沟通而诱发的压力可能会立即减轻或释放。

第四，与人有误会和冲突后，不会独自带着压力和情绪生闷气。

与西方人相比，中国人一直比较内敛，尤其是关系亲密的人，彼此有误会不会直接告诉对方。因此，**常见的情况是，一方一直因一句话、一个行为、甚至是一个眼神而闷闷不乐，或者生闷气，而对方却一直蒙在鼓里。这种独自生闷气的现象，是学习**

低效、工作出勤不出力、职场人力成本浪费最重要的原因。同时，生闷气还是人际交往冷暴力的罪魁祸首，也是诱发心脑血管疾病、肿瘤、癌症的头号隐形杀手之一。

当然，你也可能会说，当着老板，可以这样说话么？不一定，所以用此方法要注意的事项如下。

呐喊法减压的注意事项

初次使用呐喊法时，最好先在自己身上用，等到对自己的压力状态及情绪感受有清晰的认感知后，再在自己亲近的人身上使用。

呐喊法的意义在于：表达自己的情绪感受及理由，如当你说"我很生气"时，其表达的目的是呈现当下的压力感受，而非挑衅。所以，任何可能加重压力或冲突的言行，都应尽可能避免。

在工作场合，面对老板、领导、上司、长辈表达情绪和压力时，**原则上当时当事表达，比背后说或**

一分钟减压3：呐喊法

者闷在心里要积极高效得多。如果感觉上司直接表达负面情绪的火候还不到，还可以加上这样一句话：尽管，有可能你是对的。

举例：老板，您这样不相信我，让我感觉很委屈，非常非常委屈！尽管，有可能您是对的。

主管，您刚才用那种口气命令我，让我感觉很压抑，非常非常压抑！尽管，有可能您是对的。

压力和情绪都不会错。但是与人有冲突时，我们也需要负50%的责任，即有可能我们生气的理由是不成立的。 比如，你加了一个星期的班，制定了一份详尽的激励方案，结果被老板否决了；你刚刚上任不久，正准备大干一场，却被调离了工作岗位，等等。

这些事情，表面上看似乎很受伤，但有可能，老板否决你的激励方案不是你做得不好，是因为公司预算不够；你快速被调离工作岗位，不是你人品、能力差，而是公司时势或外围市场有变，等等。一切皆有可能，所以在表达情绪感受时，不妨先澄清事实。

呐喊法的妙用：在家里或办公室，如果自己特别在乎与配偶之间的关系、与上下级之间的关系、与闺蜜之间的关系，同时因自己的个性或对方的个性太容易发脾气，**那么不妨与对方商议一下：彼此之间建立一种默契，或者契约关系**：即双方之中有一方发飙时，另外一方立即闭嘴，或者闪人；事后心平气和时，彼此再沟通。这种方法，在那些已经走过金婚的人眼里，特别给它取了一个名字叫：**家庭太极法**（意即：夫妻双方，有一个人发飙、呐喊时，另一个人必须保持冷静、沉默，阴阳之间善于平衡，才是智慧人生之道）。呐喊法之"家庭太极法"非常值得推广。

最后，特别强调一下：

如果我们在与人面对面，没有胆量或勇气表达我们的"负面情绪感受"时，我们也可以快速找个没人的地方，大声喊出来：

一分钟减压3：呐喊法

我很生气！我很生气！我非常生气！我非常非常生气！

我很郁闷！我很郁闷！我非常郁闷！我非常非常郁闷！

我很压抑！我很压抑！我非常压抑！我非常非常压抑！

我很愤怒！我很愤怒！我非常愤怒！我非常非常愤怒！

或者，直接大声喊：啊！啊！啊！啊……撕心裂肺地喊，或者小声小气、一口气、一口气地尽可能无限延长地哼，直至自己精疲力竭为止。

或者一个人找个"KTV房间"大声喊一通、唱一通，也是非常不错的选择。

或者找一个专业的心理减压释放机构，在"呐喊机"的引导下大喊一通，直至自己精疲力竭为止。

呐喊减压法的意义在于：

从心理健康的角度看，人际间的矛盾、情绪压力

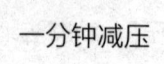

不过夜，人的那种无由头的"神经病情绪和行为"也会少很多。

更重要的是，一旦安静下来，也极容易找到问题的症结及解决问题的方法。

一举几得，何乐而不为呢？

一分钟减压
One Minute Decompression

一分钟减压4：惊涛拍岸法

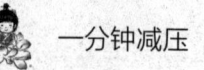

什么是惊涛拍岸法？

简单地说，是指用比较粗爆、野蛮的方式宣泄自己的压力，比如拍桌子，摔椅子，砸砂袋、枕头等。

更准确地说，是用可控制的、比较阳刚的、剧烈的方式，宣泄心中因忧伤、悲伤而滋生的身心垃圾。

宗旨是：不让悲伤淹没自己。

前提是：不伤害他人。

特别提示：惊涛拍岸法适合内向、爱面子的人；不适合平时脾气暴躁的人。

因为，减压是合理地宣泄体内积压的负面能量（垃圾），而不是助长，更不是任性地撒泼。

什么是负面能量

也许举些例子，大家就会非常明白。

比如正常情况下，面对失去自己亲密的爱人，至

一分钟减压4：惊涛拍岸法

亲的父母、至爱的孩子等，无论何种原因，人都会悲伤，哭泣；而如果一个人一直不停地哭泣，毫无节制地悲伤，一天、两天、三天过去，依然不停地沉浸于悲伤，或者一直处在一言不发，不哭、不闹、不说、不睡的状态，就是负面能量过强的状态。当然，现实生活中，如果三天，还处于过度悲伤的状态，基本上处于这种情况下的人，离心理学意义上的神经质、心理变态，以及精神病已经很近、很近了。谨防！

因此，当有一些突发的悲伤事件发生时，包括身边非常亲近的人突然遭遇重大意外事故等，我们常常会听到的一句话就是：节哀顺变！此时，比较好的应对措施是：

第一，有专门人员陪护，以防各种意外；

第二，在可能的情况下，尽早打断或转移当事人的"悲伤神经回路"。

因为，人在突如其来的负面事件刺激下，容易悲伤过度,并诱发抑郁情结(注:即一想到某一情境或某一个人,就伤心落泪,类似于林黛玉在世最后一年多的状态);严重的还会形成**"祥林嫂人格"**(祥林嫂命运多舛,尤其是遭遇失去儿子的打击后,其典型的症状就是,逢人便说:"我早就应该知道冬天也会有狼来的……"也有人称之为**"僵尸人格"**)。

对心理咨询和心理治疗行业稍有了解的人都知道,很多人从巨大的悲伤中走不出来,就是因为当悲伤事件发生的时候,自己和周围的人都不懂得"关键打岔时间"。关于悲伤事件的最佳打岔时间,其实没有一定之规,总之尽可能早一点打断,比较保险。

以上种种都是负面能量沉浸或积压过多的典型反应。

在日常的工作与生活中,容易诱发负面压力和悲伤情绪的事件有:

被离婚、被失恋;被调离喜欢的工作岗位、被降薪、被辞退、被破产;没有如期升职,没有如期加

一分钟减压4：惊涛拍岸法

薪，投资没有获得如期的回报，甚至损失惨重；非常小概率的大健康问题发生在自己身上，如说不清的血液病、癌症等。

一旦自己遭遇这样的负面事件，请记得——

先找个合适的地方，以不影响他人、不损害公物为前提，一顿拍桌打椅，或者暴打枕头，或者撕扯衣服等，直至精疲力竭为止。

这也是人们常说的："先出口'恶气'再说！"

气出了，压力自然也减轻了！

人冷静了，该做什么，不该做什么，大概心理也有些底了！

更重要的是，至少知道：太阳明天依就从东边升起！

无论昨天发生过什么，人依然要往前看，路依然要往前走！

所以，最关键的是"出气"！

当然，并不是每个人遇到这样的问题，都会体验到悲伤、失落、无助；相反，如果有人体验到的情绪是愤怒、不公平等，并且立即喊出来、骂出来，哪怕是"指桑骂槐"，或者是"找替罪羊式"地发泄出来也是可行的。

前提是：以不伤害他人为原则。

此时，作为朋友，请谨记：善于等待，让当事人发泄，直至对方筋疲力竭为止。

如果没有特殊情况，切忌中途打断，尤其是不能将当事人的气话、发泄的话当真，更不能与之争吵。

举例：如果有人突然因第三者被离婚了，他/她边摔东西边大骂：天下就没有一个好男人/女人，全都不是好东西。

此时，无论你是谁，是局中人或旁观者，切忌入戏，将当事人的话听过拉倒。

总之，悲伤事件一旦发生，及时宣泄，一定比悄无声息地掉进悲伤，不能自拔好很多。

一分钟减压4：惊涛拍岸法

我们常说：人生不如意十之八九。当重大悲伤的事真的发生在自己身上的时候，能够有人陪伴，有人懂得及时打岔或转移注意力的情况，是少之又少的，不是吗？

所以，学习并掌握"惊涛拍岸法"的关键要点：

第一，明白：减压首先是自己的事，靠他人都是"舍近求远"；

第二，懂得：减压的目的是"不伤害自己"；

第三，谨记：减压的首要原则是"不伤害他人"；

第四，铭记：在工作与生活中，无论碰到什么性质的伤心事，最能救助的人是自己；

第五，悲伤是可以的，但无节制地悲伤是会影响性命的。**如果悲伤事件是有意义的，那么它最大的意义应该是：警示人们更好地活着。**

第六，**有道是：人命关天！没有什么比"好好活着"的事更大！**

第七，平时不善于发脾气，或者自责心太重的人，一定要坚持1~2种特别消耗体力、偏暴力、偏阳性，容易出汗的运动，比如打沙袋、暴走、打非洲鼓、跳广场舞、游泳、长跑、练胎拳道、练武术、打网球、踢足球、打篮球等。这些运动既是人们强身健体、提高生活品质的重要手段，也是保持人体动静平衡、阴阳平衡，尤其是及时释放、清理体内多余的身心垃圾的最便捷法门之一。

一 分 钟 减 压
One Minute Decompression

一分钟减压5: 香纳法

什么是香纳法

简单地说,香纳法就是指芳香减压。它还有一个昵称:**超级情绪香水,即闻一闻情绪就好**。

专业地说,香纳法是指通过鼻吸香气,或皮肤按摩吸收香液的方式,作用于人的大脑和血液,以达到明显减压的效果。

香纳法尤其适合缓解因各种持续焦虑情绪而诱发的压力,如考试焦虑、业绩焦虑、炒股焦虑、疑病焦虑、失眠焦虑、结婚焦虑、办公室琐事焦虑,等等。

香纳是一种从植物的花、叶、茎、根或果实中,通过发酵技术制备而成的挥发性芳香类溶液。香纳不同于精油和香水,是一种新型的芳香疗法介质。

一分钟减压5：香纳法

香纳的吸收途径

从鼻到脑：香纳经由鼻子吸入而刺激嗅觉器官，由此传到脑中控制情绪的区域——**边缘系统**，影响人的情绪反应，并发挥相应的生理效能。

从肺到血液：香纳经呼吸进入肺，经肺泡黏膜进入血液。

从皮肤到血液、淋巴：香纳可透过皮肤被吸收进入血液。

香纳减压法共分三步

涂：将香纳涂于手腕内侧。

合：将双手腕内侧合十，并顺时针、逆时针各转动180°。

闻：将双腕凑鼻，深深吸闻。

便捷香纳法：在办公室直接使用"香熏"蒸气，以达到不自觉减压的目的。

香纳法的更深层意义

香纳，是我在一次非常偶然的机会中遇见的产品。在得知其研发团队是一帮上海交大医学博士历经数载研发而成的芳香类产品后，我十分喜欢。试用一段时间后，更爱。理由如下：

香纳，从上市至今，备受高考、中考学子喜爱。

香纳，被职场白领、金领、粉领尊称为：超级情绪香水。

我特别喜欢并推荐"香纳"的意义在于：

香（xiāng），汉字解释为：气味好闻，香味，香醇，芳香，清香，舒服，睡得香，吃得香。 一些天然或人造的有香味的东西：麝香、檀香、沉香，也是人间极品。旧时用以形容女子的：香闺、香艳。祭祖、敬神、拜佛所用的香条、香火、香炉、香烛

一分钟减压5：香纳法

等，无不表达出人们对积极事物的喜爱，寄托了人们对美好事物的向往和追求。

纳（nà），接纳，接受，采纳，容纳，缴纳，支出。

香纳即无论什么时候，与什么人，发生过什么事，都接受，欣然接受！

考试成功香纳、失败也香纳；业绩好香纳、不好也香纳；

股票赔也香纳，赚也香纳；得失成也香纳，败也香纳；

嫁也香纳，不嫁也香纳；娶也香纳，离也香纳等，事情无论好坏，既然已成事实，注定会有"好、坏"两个结果，与其逃避、抱怨、焦虑、恐惧不好结果的发生，不如无论好坏，都怀抱着一个"香纳"的态度。并告诫自己：**大不了从头再来**，正如刘欢在

一分钟减压

《从头再来》中所唱的：只不过是从头再来！

再怎么样，都比落得"神经病"缠身，或者终身不离"药罐子"强吧！所以，当你使用"香纳法"减压时，切记：

用香纳！坚持香纳文化，奉行香纳生活！

香纳世界！香纳人生！香纳一切！

因此，我在本书推荐香纳减压法的真正意义：

物理的香纳减压，也许需要5分钟、10分钟；

真正懂得香纳精神的人，减压只在一念间！

比如**我考试焦虑，是的，我香纳我的考试焦虑；我心跳加快，是的，我香纳我的心跳加快；我手心出汗，是的，我香纳我的手心出汗……同时保持深呼吸！**

一谈到业绩，我就紧张。是的，**我香纳我的业绩紧张，同时保持深呼吸！**

一分钟减压5：香纳法

一谈到结婚，我就头痛。是的，**我香纳我的结婚紧张头痛，同时保持深呼吸！**

一到晚上我就怕黑。是的，**我香纳我一到晚上就怕黑，同时保持深呼吸！**

大家再比较一下：我焦虑，我要战胜焦虑！我焦虑，我香纳我的焦虑！

我恐惧，我要战胜恐惧！我恐惧，**我香纳我的恐惧！**

非常神奇的是：当我们越是香纳（正面接纳）焦虑、恐惧时，焦虑和恐惧立即就减轻一半或直接消失了。**这种感觉就好像，当我愤怒、焦虑时，有一个气囊在体内无限膨胀，如果我们主动一念"香纳"，顿时感觉那个充满愤怒、焦虑的气囊就好像一个胀大的气球破了一个洞一样，那种对人有害的气体、内分泌等，至少会消失一大半！**

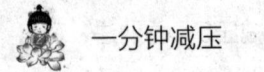

这其中的生活哲学是：**与其与压力对抗，不如接纳！与其将压力当敌人，不如一念之间，化敌为友！再大的事，也不能以伤害自己的身体为代价！**

一念天堂——这就是人与动物本质不同的地方！这也是我推荐香纳的本意！

更为重要的是，如果事事具有香纳精神，减压，似乎也成为多余的事了！

一 分 钟 减 压
One Minute Decompression

一分钟减压6: 一念反转法

什么是一念反转法

通俗地说，是指通过自己和自己较真、叫板的方式，以达到快速减压的目的。

如将"我恨你"反转为"我爱你"，将"你无聊"反转为"我无聊"，将"你神经病"反转为"我神经病"……

此方法，有时不仅可以减压，更有"一语惊醒梦中人"的功效。

当然，最重要的是：**让自己即刻免受劳心之苦。**

从心理学的角度分析，人的很多压力源自于我们对他人的过度依赖、过度信任、过度掌控、过度猜测。本质上：是我们自己在心理上模糊了人我之间的界限，要么误把自己当成别人；要么误把别人当成自己。举例来说：

案例一：神经病！不买就算了，那人竟然骂我：

一分钟减压6：一念反转法

"做销售的都是骗子。"我再也不做销售了。

分析：有必要生气吗？客户多了，什么素质的人都有。别人一句话，你就改行？所以，一念反转的效果就是：我是神经病！别人一句话，就能把我气成这样吗？

案例二：我恨老板！去年就说要给我加工资，今年又没加成，什么破老板，我都要疯了。

分析：不加工资，就疯了？那突然辞退你，你还活不活呢？

所以，一念反转的效果就是：我恨我！又没加成工资！还花精力生气，赔大了。

案例三：完啦，我死路一条了！女朋友的妈妈说：没有商量，没房这辈子就甭想结婚。

分析：女朋友的妈妈的话是圣旨啊？她拿枪命令你不娶她闺女，也不能娶别人么？

所以，一念反转的效果就是：好啦！终于又多一

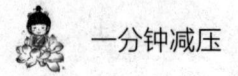

条活路啦!

……

如此等等，这样的事件在生活中经常发生，这样的情绪似乎也很正常，令人遗憾的是：**如果这种压力与情绪模式不深究，久而久之，一方面影响我们的工作效率，影响人与人之间的关系，更重要的是：这种压力与情绪模式，如果不自知自制，相反还不断地被复制，其诱发的负面能量与垃圾长期积存于体内，最终伤害的还是我们自己的身体，基本上心脏病、癌症就是这么日积月累地"气"出来的。**

"一念反转"的减压逻辑

透过"一念反转"使我们认识到：生活中，有非常多的压力，都是人空想出来，而非真实存在的，比如为昨天悔恨、内疚；为明天担忧、焦虑；为别人的一句话耿耿于怀；为曾经发生过的一件事，记恨一辈子，等等。值得吗？

一分钟减压6：一念反转法

在悔恨、内疚、担忧、焦虑的心境之下，最受伤害的是我们的神经与内分泌系统。正常的悔恨、内疚、担忧、焦虑对人是一种友好的提示，至少是提示我们如何与人相处。 做错了，有悔恨、内疚之心，我们意识到了，就立即修正；对明天有担忧、焦虑之事，我们安静下来，好好分析一下，多立足今天的努力，少焦虑明天的结果，就是非常积极的人生态度；相反，天天悔恨，时时担忧，身心一直处于紧张状态，迟早会崩溃。

人在负面情绪状态下，执着于"一念"的思维是十分危险的，这时容易走极端。

通过自我较真、叫板的方式，快速地将自己从"一根筋"的思维模式中解脱出来，一方面可以让我们更专注于当下的生活；更重要的是：思维模式变了，行为就会改变；行为改变了，习惯就会改变；习惯改变了，命运必然会改变。

"一念反转",在心理学中的理论原型是:理性情绪认知疗法。

"一念反转",在禅宗里的理念原型是:一念天堂,一念地狱。

"一念反转"的价值在于:自己做自己的教练,自己做自己的心理咨询师。

"一念反转"的技巧就是:自己与自己唱"对台戏"。

"一念反转"的结论就是:只有自己可以真正改变自己。

关键是,减压等同穿鞋,有没有压力,有没有效果,只有自己知道。

由此看来,心理学一点也不复杂。

"一念反转", 不仅可以让人豁然开朗、拨云见日、脑洞大开,而且可以让人快速脱离"庸人自扰"的境界。与吃药减压相比,这种境界对人的帮助应该

一分钟减压6：一念反转法

更健康、更高效。

"一念反转"的适用情境

原则上，所有的因情绪而产生的压力问题，几乎都可以用"一念反转"解决。

尤其是在人与人的互动中产生的情绪压力，如生气、伤心、失望、悲伤、压抑等。

正常情况下：先做深呼吸，人在安静的状态下，做"一念反转"的效果更快捷、持久。

与外请"教练"相比，"一念反转"更及时、更主动，效果更好。

一 分 钟 减 压
One Minute Decompression

一分钟减压7: 观呼吸法

什么是观呼吸法

通俗地说,是指自己不加任何判断地看着自己的一呼一吸,以达到减压的目的。

具体地说,是在自我感觉特别烦躁、焦虑、恐惧、悔恨、寂寞难耐、失眠的时候,用观呼吸的方式减轻自己的心理压力的过程。

什么是"观"

"观"类似于人们常说的"人在做,天在看"的"天在看";"观"也类似于人们常说的"举头三尺有神明"的"神明"在看;心理学中的所说的"觉察"也类似于这里所指的"观";佛学中的"观自在"的"观"也类似于这是所说的"观";克里希那穆提(印度)所说的"观者即是被观之物"中的"观"也类似于这是所说的"观"……

一分钟减压7：观呼吸法

举例来说，我"看着（观）"我呼吸急促；我"看着（观）"呼吸平缓；我"看着（观）"吃不下饭；我"看着（观）"思绪纷飞，睡不着；我"看着（观）"茫然无措地走在大街上……

这个"观"与平常的"观"最大的不同的是：不加判断，只是看，就好像头顶的"灯"照着自己，没有任何声音，没有任何评价、判断，只是看着，只是观，客观中正地"观"。尤其是当我们观察一个熟人，或者一个与我们有深仇大恨的人时，我们依然能做到：像头顶上的灯一样，客观公正地看着，观着对方的一言一行，不参杂任何的好恶之心。

平时我们说的"观"，如观察一个人的细微变化时，极容易加进自己的好恶，如喜欢或不喜欢，太胖或太瘦，太帅或太丑等，**所以，还没看清楚时，判断就加入了，所得到的结论，永远都有被自己加工过的痕迹在**。重要的是，这种"观"，离真实、事实就非常远了。生活中的"仁者见仁，智者见智"就是指的这种"观"。

如果你能体验到这些，那么用"观呼吸"减压，就是世上最简单、智慧的事了。

观呼吸法有四个观照的点

静静地坐着，只是开始看着呼吸，感觉呼吸。当吸气进来时，这是第一个观照的点。

然后吸进来的气到了某个时候会停下来，停止的时间很短暂，这是第二个观照的点。

接下来，将气慢慢地呼出去，这是第三个观照的点。

等气完全呼尽时，在它短暂停止的时候，这是第四个观照的点。

简单地说，就是不加判断地看着（观）**"吸气—屏气—呼气—屏气"**。

一分钟减压7：观呼吸法

观呼吸法与深呼吸法的异同比较

相同之处：

都有运用关乎人的性命的"一呼一吸"之本能。

都是着眼于"行有不得，反求诸己"的理念，或者坚信"减压首先靠自己"的信念。

不同之处：

重心不同：深呼吸法在深深地一呼一吸；观呼吸法在静静地"观"一呼一吸。

着眼点不同：深呼吸用于处理突发的、意外的、未遇见的压力事件引起的压力；观呼吸用于日常因"焦虑""烦躁""悔恨""恐惧"引起的心理压力。

观呼吸的减压原理

在日常工作与生活中，几乎80%以上的人处于焦虑、烦躁、悔恨、恐惧、失眠状态时，自己是不知道的，最典型的表现就是**"人在心不在"**。

焦虑的人"担心"未来。考试焦虑者，老是担心自己考试时会失误,或可能失误,或万一失误怎么办?却忘记了:只有专注于每一个学习的当下,才能真正获得好的考试效果。

烦躁的人常常是因曾经有一段或几段事情没有得到圆满、顺利地解决,从而选择性地影响到因类似的情境发生时烦躁,或者有意无意地影响到每一个时段都烦躁。却忘记了:消除烦躁的最好办法是,或者回到那个事件,予以圆满解决;或者在思想上,给自己一个现实合理、可以接受的解释。最重要的是:当下感知并中止烦躁。

比如:

情境一:明天三八节,本来和闺蜜说好了,一起去逛街购物。可老板今天无理由不准假,于是烦躁不已,整个下午什么都不想干了。

情境二:本来刚刚和老公商量好:虽然已经30岁了,因为今年刚刚晋升,于是决定一年之后再要小

一分钟减压7：观呼吸法

孩。想不到，今天公司体检却发现：自己竟然怀孕了！烦死我了！

情境三：过年不是不想回家，只是一听到父母或亲戚"逼婚"就烦。

愧疚的人是感觉自己应该做的事，没有做或没来得及做。

比如：

情境一：一听到别人提"孝顺"二字，我就愧疚。关键是：现在连尽孝的机会都没有了。

情境二：一提到做"妈妈"，我就愧疚不已，孩子那么小，我就狠心将他送去全托了。

恐惧有三种：一是人遇到突然袭击时会恐惧；二是身临特定的情境时会恐惧，如深夜一个人走在空旷无人的大街上；三是独自一个人时，在大脑中因想象某种情境时会恐惧，如想刚做的噩梦，想昨晚看的悬疑电影的某些恐怖画面等。

失眠的人在床上躺着，心里要么在担心、在焦虑、在想着遥远的旧事、伤心事，焦虑不已，久久不能成眠。

凡是发生上面所说的"人在心不在"的状况，时间久了，个人的身心状态离"焦虑症""恐惧症""失眠症"等严重的心理问题就非常近了，与此同时，也更谈不上工作效率、生活品质了；**时下流行一种比"时间管理"更高明的管理叫"精力管理""暗时间管理""心理时间管理"等，其共同关注的焦点与症结就是：人在心不在。**

当人们呈现焦虑、烦躁、悔恨、恐惧、失眠状态时，本质上是我们的注意力偏离当下，**基本上都是思想、观念、思维惹的祸。此时，如果有人"观"到了，**及时打断一下，甚至骂两声，总之，将当事人的思维打断，让注意力回到当下，都是非常有效的做法。

值得一提的是：其一，当我们的身心处于焦虑、

一分钟减压7：观呼吸法

烦躁、悔恨、恐惧、失眠状态时，我们不一定能觉察（观）到；其二，当觉察到自己正处于焦虑、烦躁、悔恨、恐惧、失眠状态时，不一定马上知道该如何应对。所以，回到原点还是：**行有不得，反求诸己。**

此时，只是用"观"——不加判断地看着自己的一呼一吸。人的思维，尤其是负面思维、惯性思维就立即被打断了，打断的同时，压力也就减轻了。

观呼吸的操作方法

先找一个安静的地方，然后根据观呼吸的四个要点进行操作。

透过自己的"观"，让自己知道，自己正处于"人在心不在"的状态。

透过"观"，让自己所有的注意力，全部回到呼吸上。

当人处于"观"呼吸的状态时，因为将人的整个焦点专注在呼吸上时，人是无法进行正常的逻辑思

维的，这种状态有如达照法师所说的：观呼吸时人的思维就处于"断电"或电脑"死机"状态。大脑死机了，不思维了，压力或烦躁、焦虑、恐惧自然也就远离我们了，哪怕只是一个片刻，也是非常有价值的。

更神奇的是：人在做，天在看。只用观一观，良知、是非与否便自在其中了。

就好像一个人正准备考试作弊，旁人观一观，他就放弃了。**这个"旁人"不是别人，正是我们每个人与生俱来的一种高级意识而已，在禅宗里称"自性"或"知性"。**

观呼吸的价值

一是通过主动吸呼氧气、二氧化碳，以促进人的新陈代谢与身体功能的快速恢复。

二是通过屏息（气）主动阻断人的思路，将人的注意力调回到当下。

三是通过"观"达到自我身心合一，远离"走神"即"人在心不在"的状态。

四是快速回归理性：焦虑、烦躁、悔恨、恐惧、失眠本身不是问题，这些情绪只是一个信号，解决这些情绪背后的未完成事件，分分秒秒活在当下，才是真正的问题。

小结一下：观呼吸的最大价值在"观"、在"打断"、在"回到当下"。 当我们了解其中的原理时，这个方法一分钟，甚至几秒钟就OK，简单，高效。

如果，看了半天，还是不明白，也没关系，哪个方法实用就用哪个，效果至上。

一分钟减压
One Minute Decompression

一分钟减压8: 冥想法

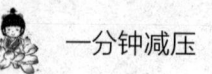

什么是冥想法

比较通俗的解释是：冥想是指深沉的思索和想象。

最简单经典的解释是：冥，泯灭；想，思想；冥想即停止思想。

本文的"冥想减压法"是指：快速放空大脑，或清除大脑杂念以达到减压效果的方法。

中国是一个有着悠久文化历史的国家，有关冥想的流派及方法数不胜数。比较常见的冥想有：瑜伽冥想、音乐冥想、打坐冥想、呼吸冥想、禅定冥想等。

本文所指的"冥想减压"重在：借助一些方法，或放空大脑，停止思想或转移注意力。

冥想减压法的操作

方式一：**屏息冥想**，即闭上眼睛，屏住呼吸15~30秒，然后重复。本方法的目的是：直接让大脑处于空白状态，持续15~30秒，以达到减压效果。

方式二：**呼吸冥想**，即吸气时默念"安静"，呼气时默念"放松"。本方法的目的是：在一呼一吸之中，通过"意念"达到放松大脑和减压的效果。

方式三：**实物冥想**，即随手拿起一件小物件，如纸贴、笔、杯子等，凝视5秒后，闭上眼睛5~10秒，回忆刚刚留存在大脑中的图像，越逼真越好，然后重复。本方法的目的是：通过主动切换大脑画面，阻断思维，以达到减压的效果。

方式四：**颂念冥想**，即找个安静一点的地方，闭上眼睛，重复颂念三句话："我爱自己。我珍惜自己。我放过自己。"本方法的目的是：通过颂念，主动停止大脑中的负面想法，以达到减压的效果。

方式五：**发声冥想**，闭上眼睛，呼气的时候让自己轻声地发"啊"声20秒以上，然后重复。本方法的

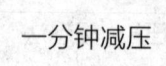

目的是：通过呼出体内浊气，并让大脑处于空白，以达到减压的效果。

冥想减压法的原理解析

如果双方当事人之间有冲突发生，且彼此之间没有道德问题、神经问题、精神问题，只有一种可能性就是：**一念冲动**。

在工作和生活中，类似于这样的"一念执着"的情况，更是数不胜数；有的时候，还可能是"一念未平""一念又起"，类似于人们日常所说的：祸不单行。

学员A说：……那天是三八节，已经是中午12点了，以前他早就将鲜花送到办公室了。今天鲜花、红包、礼物，啥都没有？他到底在干什么？哪怕来个电话问候一下也可以啊？是不是最近嫌我升职无望？人长胖了？还是他换了新单位后，身边的诱惑多了？还是我们已经到了"N年之痒"的危险期啦……

学员B说：……那么多人中，裁掉的为什么是我？老王学历那么差，为什么留下了？还有，小张虽比我强，可是学历不如我，为什么他们都能留下呢？我到底在公司里得罪了谁呢？我，一个名校毕业生，被裁员了。我怎么向父母、向老师们交待啊？我那还有脸回家啊……

可以设想一下，这样胡思乱想下去的结果是什么？后果是什么？当然，更谈不上有什么工作效率可言了。长此以往，当事者走向抑郁症就可能是一个毫无悬念的必然了。

日常生活中有一句话叫：**烦恼即菩提（智慧）。意思是说：当一个人烦恼的时候，烦恼的背后就是智慧。**

以上面的案例为例：

12点了还没有鲜花或礼物，好烦！"烦恼的背后就是智慧"的意思是说:"这次由我先送礼物啦!来而不往非礼也!"

裁员了!好丢人!好抑郁啊!"烦恼的背后就是智慧"的意思是说:"啊!终于解脱了,一直想辞职不干。这次还有补偿。唉!终于可以从新择业了!"

当然从被动到主动,从抱怨到接纳,并非有铜墙铁壁之隔。从心理学、灵性学、成功学的角度而言,仅仅是换一个角度看事物而已,**即生活之中,无论我们碰到多么悲惨的事情,只要人还活着,我们就有路走,不是吗?** 线下线上的书店里以《一念天堂》为名的书和文章不计其数。历史上,无数的人因遭遇相同的不幸,因一念天堂而活得精彩,因一念地狱而一夜白头,或顷刻毙命的事数不胜数。**对于我们自己而言,我们是想过一念天堂的日子?还是过一念地狱的生活呢?当然,都会选天堂吧!**

生活中,当我们正处于压力事件之中时,到底最终的结果是"一念天堂"还是"一念地狱"?全在自己——**冥想法,思维一经打断,我们就直接回到天堂了。**

心理学的研究表明:人所有的行为,都是有动机的,都是由自己的思想、观念、思维操控的结果。

有一个事实是"种了菜的地,不长草"。以此类推,当我们的大脑中杂草(杂念)丛生的时候,要么,**用一念"屏息"阻断思维**:如屏息冥想;要么,用一念"呼吸"放松大脑:如呼吸冥想;要么,用一念"颂念"让自己保持觉醒:如颂念冥想;要么,**用一念"观想"转移大脑的注意力**:如实物冥想;要么,**用一念"发声"宣泄和切断自己的负面想法**:如,发声冥想。在此,用那么多的"一念"只是在强化:当我们在心理感受上有"地狱感"时,记得用**"一念冥想"模式,放空大脑,打断思维,或者直接反向思维**,于是,一念天堂就在眼前了。

一分钟减压

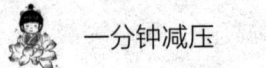

除了烦恼时用一念冥想外,生活中,有事没事,都养成每天一分钟、三分钟、五分钟冥想的习惯。终有一天,我们一定会做到:压力事件无论大小,都不会妨碍我们活得"健康积极、阳光灿烂、自信豪迈"!

一 分 钟 减 压
One Minute Decompression

一分钟减压9：榜样法

一分钟减压

什么是榜样法

简单地说,就是当自己压力十分大的时候,直接参照自己钦佩的榜样的言行执行。

具体地说,就是在自己十分钦佩的人中,在全面了解这个人的生活背景、人生轨迹、感人故事后,在自己遭遇一些压力事件时,直接参照榜样或想象榜样可能的言行执行。

举例:我十分钦佩杨绛先生,杨绛先生的《我们仨》《走在人生边上》《百岁感言》等大部分的作品,包括罗银胜先生写的《百年风华·杨绛传》,我每次读都会泪流满面,由此,一旦我遇到一些大的压力事件时,尤其是在家庭与事业的矛盾上手足无措、消极怠慢、深陷其中不能自拔时,立即就可以想下:如果当事人是杨绛先生,她会怎么做呢?此时,榜样法就有立竿见影之效。

一分钟减压9：榜样法

榜样法的减压原理

在我们成长的过程中，大家可能依稀记得，我们之所以学会了叫"爸爸""妈妈"，是爸爸或妈妈为我们示范了一百遍甚至上千遍才学会的，不是吗？也就是说，我们自小就被训练过向榜样学习；或者说，**我们的大脑中，已经有无数向榜样学习的神经回路。**

现在，无论我们是否意识到，每个人在每件事上，要么是以父母为榜样；要么以传统习俗为榜样；要么以社会道德规范为榜样；要么是以自己身边的或在书中所学习到的英雄、伟人、名人为榜样，只是具体到不同的事情上，榜样不同而已。比如：

在立功、立德、立言及家教传承上，很多人以曾国藩为榜样。

在遭遇人生不幸依然著书立说名锤千古的司马迁无疑是有追求的知识分子的榜样。

杨绛先生不仅是文学爱好者的楷模，更是知识女性在爱情、婚姻、家庭遭遇逆境时，当之无愧的榜样。杨绛先生年过百岁，依然坚持读书、写作，可敬可佩！

有"互联网教父"之称的马云先生，无疑是有梦想的草根们创业的榜样。

对很多"60后""70后""80后"来说，父母是我们在精神上遭遇一些打击时，最生动的榜样。

事实上，榜样在每个人的生活中，无处不在，无时不在。

榜样法的重要价值在于：虽然，我们所处的时代与环境不一定与我们心目中的榜样相同，我们在日常生活中所遭遇的压力事件也可能是我们的榜样完全碰不到的，重要的是：

当我们处于压力事件时，常常会陷入"当局者迷"的境地。运用榜样法，则会将我们从"当局者

一分钟减压9：榜样法

迷"的思维立即转换成"旁观者清"的思维。站在"旁观者清"的角度，我们也极容易突破我们原有的思维局限。思维一旦突破了，压力至少也会减轻一大半了，不是吗？

2012年曾有一句话在网络走红：

问："元芳，这事你怎么看？"答："大人，我觉得此事有些蹊跷。"

我以为，这句对白或许可以这样改，并成为榜样法的经典口诀：

自己问："元芳，这事你怎么看？"

榜样答："大人，我觉得此事要往前看！"

比如：

孩子病了，老板不让请假，自己烦心。于是你可以自问："元芳，这事你怎么看？"

你也可以自答："大人，我觉得此事要往前看！"意思是：哪件事更重大，先做哪件事！

被失恋了，痛苦不已！于是你可以自问："元芳，这事你怎么看？"

你也可以自答："大人，我觉得此事要往前看！"意思是：莫愁前路无知己，天下谁人不识君！

警惕提示：生活中"榜样"也可能是我们重要的压力源，尤其是父母。

正如前面所言：对我们生命影响最大的人莫过于父母、老师的榜样。

有一句话我们也一定要铭记在心，即成也萧何（父母、榜样），败也萧何（父母、榜样）。

父母、老师的榜样行为或者榜样言论，有时也有可能成为我们婚姻生活或职场打拼时的重大障碍和重要压力源之一而不自知。

比如，如何面对离婚？如何面对被辞职……

有的人之所以过不去，接受不了这样的现实，大有可能就是受父母或传统观念的影响：

一分钟减压9：榜样法

"离婚是非常没有脸面的事""是品行不端的人才会出现的问题"等。

"被辞职了一定是在公司混不下去了，是非常没有脸面的事"等。

正常情况下，无论生活中发生了什么样的压力事件，发生了就是发生了，积极面对，朝前看才是正道。

最重要的！这也就是人们常说的"留得青山在，不怕没柴烧"的道理之所在。

所以，总结一下：榜样减压法，在压力事件发生的时候，会让我们很快借助"旁观者的智慧"，突破"思维困境"，走出生命的"阴暗"或"僵局"。

与此同时，我们有时候也需要用另外一种智慧去觉察一下：压力事件本身对我们造成的压力感是不是因为我们过于"坚信"曾经的榜样所说的话。一个

一分钟减压

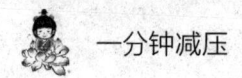

重要的判断原则就是:**"往前看(即往更易于生命健康、快乐地活着的方向)"**!

如果压力本身是源自于自己的榜样,记得马上用"一念反转"快速减压,谨此。

一 分 钟 减 压
One Minute Decompression

一分钟减压10：自师法

什么是自师减压法

自师，即"自己成为自己智慧的导师"，也称"行有不得，反求诸己"的智慧。

自师减压法，即在压力状态下，经多方搜集信息前和后，通过自我深度对话而减压。

具体说来，是指自己在烦恼（悲伤、失望、抑郁、愤怒、内疚）的状态下，自我觉察、自我觉醒，以及自我超越的过程。也可以说是：在烦恼时，快速觉察烦恼，并自我超越的过程。

自师法的减压前提

前提一，清楚地知道：人活着是头等大事。

生活之中，无论发生什么奇葩的压力事件，第一要事是：人命关天！先活着！

且不说"命债命还"，更重要的是：没有人，一切繁华、名利也都失去意义！

一分钟减压10：自师法

家庭也好，职场也罢，但凡有人的地方，人活着，一切才会变得有意义。

前提二，清楚地知道：先照顾好自己，才有能力照顾他人。

"先照顾好自己"的意思是：人都有走窄路的时候，越是艰难时，越要坚强。

人活一口气！无论多难，这口气都要保留！相反，艰难时，人想死太容易了！

遇事向前看，起码保证自己的正常起居，不糟贱自己！有健康，就会有一切！

此时，最不应该做的事就是：不吃、不睡，伤害自己或他人。

前提三，对压力源有所了解，至少知道：人的心理压力大多源于或执着于某一个观念。

悲伤：大多执着于"不幸的事不能发生在我身上"；

失望：大多执着于"我期待中的事情必须如期发生"；

抑郁：大多执着于"每时每刻人的价值都应该被看到、被认可"；

愤怒：大多执着于"不公平或我的地盘或利益是不可以被侵犯的"；

内疚：大多执着于"有些事，我是绝对必须做，且不能做错事的"；

……

事实的真相是：发生了就发生了；发生了，就面对！过去了，就放下！大脑的内存有限！

重要的是：我们如何在过去的基础上，过好今天！

凡事越纠结昨天，越忧虑明天，今天过得越糟糕！

每一个当下，我们越是心无旁骛，才越有力量、

一分钟减压10：自师法

越有效率与价值。

前提四，清楚地知道：凡事先求自己；或者"行有不得，反求诸己"！

"凡事先求自己"的意思是说：碰到有压力的事，先自己想招，自助；

实在没辙，但凡求人了之后，立马可以改变现状，那么马上求人。

今年生意不好做，三个月业绩都没达标，收入锐减，感觉特别挫败、抑郁。此时，可以找个地方K歌发泄一下；也可以去电影院看场电影转移一下注意力；或者前面讲过的九种一分钟减压法，都可认真用一下。**先自助，自助者天助！**

安静下来之后，如果还是感觉很灰暗、无路可走时，可找主管、闺蜜、老师或专业心理咨询师聊聊，至少先让自己感觉：**有亮光，有路可走！**通过一翻聊天、咨询之后，虽然感觉心情比以前好多了，可是还是搞不明白：到底是留在这家公司呢？还是辞职换一家公司？或者辞职之后，一边进修，一边再找一个更合适的工作？那么，这个时候就可以用自师法，即"行有不得，反求诸己"了。

前提五，在尊重生命的前提下，越是符合"多赢"的决定，越有生命力。

一家公司在做"破产后裁员的决定"时，以什么为标准更有说服力？当然是把客户、员工、管理人员、股东、社会等的利益综合起来考虑的时候，最有说服力和公信力；一个人在被裁员后，做什么样的决定才是最有动力的？当然是兼顾父母、配偶、孩子的感受时更有力量感。

总而言之，作为一个成年人，自己对自己的事最清楚、最有发言权和决定权。

曾经有个朋友这样说："我这辈子最大的失败就是：听了父母的话，嫁了不该嫁的人。"这句话就不

一分钟减压10：自师法

是一个成年人，在清醒、理智状态下的观点。原因如下：

第一，尽管有时候，像考大学、找工作、结婚这样的大事，参考父母的意见是必须的、应该的，但是请记得：对成年人而言，任何情况下，父母之言都不是一定之规，尤其是像婚姻这种事关一辈子的大事，自己随时都有机会修正。

第二，无论现状如何，首先对此该负责的人还是自己：**到底是没嫁好？还是没过好？**

确实是自己不好？还是对方不好？在这件事情上，夫妻双方有理性沟通过吗？或者，在说这句话前，有向专业人士咨询过么？

第三，什么叫一辈子？不到生命的终点，都不叫一辈子。再说了，**任何事，只要想改，想清楚了，一念之间就可以换一种活法。**

第四，在自己生命成长的过程中，听父母的话，也有无数对的时候吧？

第五，如果上面的话，只是一句牢骚，也请保持自师：是否在习惯性地推卸责任？

总之：**下结论或做决定时，我们自己才是自己生命的真正知情人和主宰者**。决定对错与否，只有我们自己心理最清楚，并有最终的否定权与评价权。

自师法的核心是：安静下来，听从自己内心的声音。

自师法减压的操作技巧

第一步，检视感受：我现在的身体感受是什么？心理感受是什么？

第二步，自问自答：我是谁？我的压力是什么？我的初衷是什么？

第三步，挑战自己：进一步的结果是什么？退一步呢？是否有第三种选择？

举例：一直纠结于"要不要辞职"；

一直纠结于"要不要改行"；

一分钟减压10：自师法

一直纠结于"要不要创业"；

一直纠结于"要不要结婚"；

一直纠结于"要不要离婚"

……

可以想象，这些事越纠结，压力越大，生活有可能越来越混乱。

在这些情况下，最好用自师法。

案例一：要不要辞职？

第一步，检视感受：我现在的身体感受是什么？心理感受是什么？

我现在的身体感受是：头痛头晕？白天困？晚上睡不好？多梦？

心理感受是：纠结？焦虑？抑郁？压抑？心烦？

第二步，自问自答：我是谁？我的压力是什么？我的初衷是什么？

我是谁？我是一个员工、经理、父亲/母亲、儿子/女儿。

压力是：不辞职，感觉虚度光阴？辞职，又担心收入没有保障？

工作的初衷是：养活自己，养家糊口，价值感……

辞职的初衷是：在收入保障的前提下，有更大的价值感？

第三步，挑战自己：进一步的结果是？退一步呢？是否有第三种选择？

进一步的结果是：今天就辞职，背水一战，死而后生！

退一步的结果是：算了，和未知相比，收入保障更重要！

第三种选择：与人合伙创业？边咨询边找东家？考些证书？

温馨提示：自师的本质在：行有不得，反求诸己！

一分钟减压10：自师法

凡大事，先求人，后求己，才有真正无怨无悔的决定与执行力。

最后做决定的基本准则是：多赢。

案例二：要不要结婚？

第一步，检视感受：我现在的身体感受是什么？心理感受是什么？

我现在的身体感受是：头痛头晕？白天困？晚上睡不好？多梦？

心理感受是：纠结？焦虑？抑郁？压抑？心烦？

第二步，自问自答：我是谁？我的压力是什么？我的初衷是什么？

我是谁？我是一个男人/女人、儿子/女儿、情人/恋人……

压力是：不结婚，舆论压力太大？结婚，又担心或感觉不是时候？

结婚的初衷是：恋爱的结晶？收心过日子？找个

归属？怕寂寞？

不结婚的理由是：感觉结婚的人还不太对？感觉时机还不太成熟？

第三步，挑战自己：进一步的结果是什么？退一步呢？是否有第三种选择？

进一步的结果是：今天就结婚，大不了过不下去就分开。

退一步的结果是：和闪离相比，再给自己和对方一个月的时间。

第三种选择：消失一段时间？换个环境体验一下二人世界？

……

总之，自师法的本意在：安静下来，与自己深度对话，听从自己内心的声音。

其实生活中的很多压力，源于我们整天忙于外在的事，年复一年，周而复始，从来没有正面地、

一分钟减压10：自师法

认真地、深度地思考过令我们纠结的问题到底是什么？

有时候还可能一波未平一波又起，结上再打结，直至有一天，我们彻底地被自己搞晕了、搞糊涂了、搞得精疲力竭了，才发现：**我们的压力已经大得令我们疲惫不堪了，甚至必须搞出点大事，或生一场大病才能停得下来。**

生病之时，或者生病之后，这才得以重新思考：

我是谁？我从哪来？我这一生到底要在何处安生立命？

以上这些问题，可以说是"自师"的根本。这些问题不澄清，烦恼永无宁日。

除了自己，没有人会让你真正烦恼。

除了自己，没有人会真正伤害你。

除了自己，没有人知道哪双鞋子才真正合你的脚。

除了自己，也没有人知道正确答案是什么。

与此同时，如果不是你在安静时，不是你在心平气和的状态下做的决定，你所有的决定最终还是会被你自己推翻的，包括要不要结婚、要不要创业、要不要养孩子之类的大事，不是吗？

所以，与自己深度相处，与自己深度对话，是自师减压法的重要前提。要达成与自己深度对话，或听到来自自己内心的声音，最好是养成：

打坐的习惯，每天10~15分钟，**心静了，思路自然清楚了；**

冥想的习惯，每天10~15分钟，**大脑安静了，世界就安静了；**

瑜伽的习惯，每天10~15分钟，**身心平衡了，人的决定就一定是多赢的；**

催眠的习惯，每天10~15分钟，**身心放松了，内心的声音自然就听得见；**

发呆的习惯，每天10~15分钟，让大脑放松的最快方法，发呆并不简单哦！

老子曰："夫物芸芸，各归其根；归根曰静，静曰复命。"这句话的意思是：万事万物，包括人的思绪，如同冬天的池水，清澈见底了，真正安静下来了，才能回归本真；人，只有真正安静下来了，才有可能说：听到自己内心的声音，与自己深度对话。与自己深度沟通过的事，人们才能真正放下，或者才能真正一如既往地坚持。

我非常期待：自师能成为人们的一种生活方式。

所谓"自师"的生活方式是说：但凡我们愿意，我们不仅能随时听到来自大脑一些小小的烦恼，我们可以减少非常多的"庸人自扰"式的痛苦和焦虑。如果每分每秒的念头我们都有机会能听到，我们不仅能发现：原来，自己也是一个十分有创意的人、一个乐观的人、一个有品位的人、一个特立独行却不孤傲的人、一个想到就能做到的人、一个能掌控自己思想与

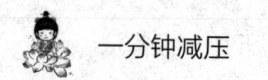

思维的人……也许有了这样一些体验之后，我们才能真正体会到：**明明白白地活着，过着"自我掌控与驾驭的生活"是一件十分惬意和美好的事情。**

一 分 钟 减 压
One Minute Decompression

解读"一分钟减压"的原理

一分钟减压

一分钟减压是完全可以做到的

当有人听说我在讲"一分钟减压"时,就问:一分钟减压?可能么?

上了"一分钟减压"课的人都知道:一分钟减压是完全可以做到的!

"一分钟减压"的前提是:懂得压力的原理,并能觉察:自己是否正在压力中!

压力在人体内形成的原理

基于这样的前提,我们先解读一下压力在人体内形成的原理吧!

情境一:人们生活在蛮荒时代,随时需要为生存而忙碌。有一天,大家正在野地采摘野果充饥,忽然不远处一头饿狼正朝人们狂奔而来,这时所有的人都大惊失色,大部分人立马四处逃散;只有少数几个壮汉停在原地,伺机而动……

解读"一分钟减压"的原理

这是最原始的压力起源说,目前人们也称之为"战"或"逃"反应。

这种"战"或"逃"反应源自于人的一种天生的自我保护本能——遇到可以抵御的危险或风险,就与之搏斗;遇到不可抗的危险或风险,就立即逃命!

可想而知:如果人类没有这种"战"或"逃"的本能反应,那么,基本上人类也不可能繁衍至今了。

心理学将人在紧急情况下的"战"或"逃"反应称之为"应急反应"。人在"应急反应"时,体内会分泌大量的皮质醇(也称压力激素)、去甲肾上腺素、肾上腺素等,以促进机体快速新陈代谢,并保证人们在"战"或"逃"时有足够的能量(力气)支出。

情境二:人类文明进化到今天,那种蛮荒时代的生命危机早就不常存在了,取而代之的是:人们要应对日常工作与生活中的各种变化与挑战。常见的压力情景如:

持续的工作压力：每天工作10~12小时；

失落感：对事业、感情等方面的悲观失望，及受挫后的心理阴影；

竞争压力：因职业转型、晋升中的不安全感带来的职业竞争压力；

家庭危机：生活节奏过快，无暇顾及家庭，导致夫妻、婆媳、亲子矛盾加剧；

疾病打击：压力越大，健康越容易出问题，为此心身病的恶性循环也越严重；

……

一般情况下，人们在群体之中工作与生活，有压力是正常的。不仅是正常的，也是必须的。**人在压力状态下，不断地分泌大量的皮质醇、去甲肾上腺素、肾上腺素**，以促进机体新陈代谢，并保证人们在竞技或工作状态中保持必要的清醒与警觉，以保证必要的工作效率；相反，当人的身体机能不能正常工作时，

解读"一分钟减压"的原理

在医学上还会通过服用或注射一定量的肾上腺素或去甲肾上腺素，以保证心脑血管的正常兴奋与工作。

人在休闲、运动、娱乐、阅读、旅游、逛街、聊天、品茶、欣赏艺术品、品味美食、亲近大自然、谈恋爱、与爱人或家人在一起时，人的大脑都会释放出大量的脑内吗啡类的激素（如内啡肽、催产素、多巴胺、血清素等），这类激素会令人产生快乐、兴奋和幸福感，同时也起到调节与减缓压力的作用。

正常情况下，人们该吃就吃，该睡就睡，该工作就工作，工作之余休闲、放松。工作、生活、休闲、锻炼、娱乐等保持一定的节奏交替运行，既保证了生活品质，也保证了工作效率。非常好！

然而，十分遗憾的是：30年前的中国，"压力"还不为人所知；30年后的中国，以及代表世界水平的美国，几乎70%~80%的疾病都与压力有关，尤其是最为人所知的冠心病、癌症、感冒、偏头痛、关节炎、高血压、溃疡、失眠以及某些妇女的不孕症等。

这一切的始作俑者，在客观上，都源自于人们过快的工作、生活节奏。

过犹则不及！

比如工作时间过长，大脑兴奋过久，必然导致持续的血糖升高、心跳加快、血管收缩。类似的情境，大家可以想象一下：当我们双手侧平举时，似乎很容易，如果持续10分钟、30分钟、60分钟试试看？这种长期兴奋的压力，近似于过度负荷的压力。

一方面，为了生计、工作、荣誉、金钱、面子，过度兴奋、过度紧张、过度熬夜、过度饮食、过度压抑、过度悲伤、过度焦虑、过度劳累，人的身体随之也过度分泌皮质醇、去甲肾上腺素、肾上腺素等，日复一日，导致我们的身体机能透支十分严重。

另一方面，人们对压力的生理机制与生理常识，几乎一无所知，身体持续"过度透支"的最终结果，

解读"一分钟减压"的原理

轻者，身心健康机能失调；重者，各种亚健康症状，如血压高、心慌、气短、耳鸣、失眠、腹胀、性欲减退等，一不小心就与自己难分难舍。

情境三：与压力情景一、二相比，对人们伤害更大的莫过于：各种负面的情绪和负面思维对人造成的心身干扰和伤害，例如，人们常听到的几句话就是：

忘记历史就等于背叛！——于是，对伤害过自己的人念念不忘，甚至忌恨一生；

位卑未敢忘国忧！——于是，对中国的贪污腐败、雾霾、股市等忧心忡忡，夜不能寐；

人无远虑，必有近忧！——于是，对晋升、收入、孩子、夫妻、健康等无一不焦虑，甚至神经衰弱。

日本以"治未病"开医院，并在医院中大力倡导"饮食、运动、冥想"开发人的右脑来"治未病"的春山茂雄博士，在《脑内革命》一书中强调：

"想一想也会被物质化"，意思就是说：人，经常处于负面情绪或经常想一些不好的事的过程中，大脑会分泌相应的化学物质，并消耗人体大量的能量。其中以大脑最为明显：大脑的重量不足人体的2%，每天所消耗的能量却占到了人体总能量的20%以上，思虑越多，消耗越大！

更重要的是：当人处于负面情绪时，不良的情绪不仅引起大量肾上腺素的分泌，同时在体内产生大量的活性氧（俗称自由基），一方面加速人体的血压升高、血流加快，血流不畅时还会损伤血管内壁，损伤遗传因子；另一方面，大量活性氧的产生，又会加速人的各种器官的衰老与记忆的衰退等。

春山茂雄博士还特别举例子说，即使是吸烟，喝酒时，如果伴有一种积极的心态：

"啊！吸上一支烟，赛似活神仙"，也是有益于健康的。

解读"一分钟减压"的原理

相反，如果带着一种负罪的心态吸烟、喝酒，如边吸烟，边喝酒，边想"完了，今天多吸一支，相当于向死神又走近了一步""我真不是个东西，说话又不算数，又喝多了，看来真的只有死路一条了"如此等等，则会对人体造成几倍的伤害。

非常遗憾和悲哀的是：人们对负面的想法、思维、情绪对人造成的心理压力与身体伤害几乎一无所知。虽然在日常生活中，人们都知道心态很重要。人们经常挂在口边的话是：不要抱怨、不要苦瓜脸、不要做怨妇！尤其讨厌身边的人向自己抱怨！**岂知，通过核磁共振发现：怨恨、焦虑类的负面情绪不仅大量存在**，而且对人造成的更隐性的伤害是：

非正常的内分泌、心血管、消化系统的工作，直接导致各种成人病；

因"情绪绑架（即一看到……就心烦、就讨厌、就恶心）"而导致的非理性思维、非理性沟通、非理性决策，或"人在心不在"直接影响工作绩效，并造成巨额的工作成本浪费，时下正流行的"心理时间"或"暗时间"管理就是最好的佐证。

相反，如果我们对压力的生理机制，对压力的正、反作用都有所了解，在工作中，生活中随时都保持一种主动关注自己情绪变化的自觉性，并学会三种以上的一分钟减压方法，那么不仅会大幅减少压力对我们身心的伤害，同时，还可以主动让大脑适时分泌一种叫脑内吗啡的物质（注：能引起人的快感功能，提升免疫力的化学物质总称），这种物质的性能与去甲肾上腺素完全相反，脑内吗啡除了能给人带来类似于像"恋爱"似的精神愉悦之外，还可以提升人的记忆力，保持人与人之间良好的关系，充分发挥人的进取心、忍耐力和创造力。与此同时，**脑内吗啡还可以使人体的细胞处于年轻态，由此提升人体的抗衰老能力与免疫力。**

解读"一分钟减压"的原理

具体说来,做些什么事,可让人经常分泌脑内吗啡呢?

积极思维:凡事警示自己,保持积极正向(利于生命)的思维模式;

动静平衡:每天保持适当的运动,比如每天坚持快走8000~13000步;

利人利己:经常做一些双赢或利人的事,或者经常保持"利人"的想法;

挑战自己:经常做一些有创造性或者自我挑战的事,或保持创造性思维;

健康饮食:吃一些低热量、高蛋白的健康、新鲜食品;

积极心态:经常保持一种感恩的心态,那怕受欺侮,与其气死,不如感恩;

更新大脑:经常读书或学习一些新的知识、技能,视野开阔了,人就会豁达;

一分钟减压

放松大脑：有意识地让左脑（负责计算、思维、逻辑）休息，让右脑工作；

心灵瑜伽：到户外看看绿色，听听小溪流水、林间鸟鸣声，呼吸新鲜空气；

主动冥想：有意识地让思绪沉浸在一种愉快、美好的情境中；或放空大脑。

"一分钟减压"的原理

重要的结论说三遍：无论人们处于高压力中，还是处于负面的情绪中，都会过度分泌对人体有害的物质，并直接伤害到人体的心脑器官及神经、内分泌、免疫系统。

由"负面情绪"被动诱发的身体疾病对人的伤害更大、更隐性。

通过10种一分钟减压方法，及时中止"内分泌"和"负向思维"的运行，不仅可以大幅度减少自我伤害，还可及时抑制"一念冲动"的"魔鬼"事件发

解读"一分钟减压"的原理

生：如一念结婚、一念离婚、一念辞职、一念离家出走，一念刀光剑影伤人等，以保证我们生命的每一分钟都活在鲜活、生动的当下，并创造更多的生命奇迹。

与10个"一分钟减压"的方法技巧相比，我更倾向于向大家宣导一种：

"活在当下"，且主张"当下事，当下了"的生活方式！

就好像我们的电脑一样：我的事，我负责！及时发现（负面情绪），及时清理！

那么，生命的精彩将无时不在、无处不在！

一 分 钟 减 压
One Minute Decompression

高效减压,你必须知道的事

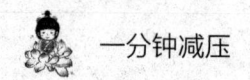

第一类：关于压力本身

情绪与压力到底是个什么关系

简单地说：情绪相当于是压力的晴雨表。

本质上：二者的关系，近似于"鸡与蛋"的关系，即互为因果。

情绪是压力的晴雨表：压力适中时，人的情绪是兴奋的、喜悦的、激昂的、健步如飞的、精神抖擞的；压力不足时，人的情绪是散漫的、无聊的、游离的、懒散的、注意力分散和无力的；压力过大时，人的情绪要么是恐惧的、愤怒的、悲伤的、压抑的，或者是焦虑的、急躁的、敌意的、挫败的、攻击的、抑郁的等，也有人说，压力的大小是通过情绪写在脸上的，如喜形于色。

在心理学领域，比较被大家公认的说法是：**恐惧、悲伤和愤怒，是一种生存本能型的情绪**，其他的情绪都是在这三种情绪的基础上，被派生出来的。这种说法类似于"红、黄、蓝"三原色一样，其他的颜色也是被派生的。也就是说，当生命受到威胁时，压力就等于情绪。所以，从某种角度上看，压力与情绪是同根同源的。

当然，在现实生活中，因不良情绪诱发或加剧压力的情形更多见。本书讨论的范畴也是集中在：解决和减少因不良心理、精神影响而产生的压力源和压力问题。

正如"破茧成蝶"，孩子初次学走路，人初次考驾照、初次当众演讲一样，人在学习新知、适应新环境、接受新的任务与挑战时，一定会遇见各种各样的压力，与之相应的也会产生各种各样的情绪体验。适当的压力，不仅让人保持必要的清醒与斗志，而且让人能顺利地完成一个又一个有挑战性的任务，让人离目标、梦想越来越近，让人不断产生成就感、价值感、幸福感等愉快的情绪体验。当一个人的愉快体验增多时，人们即使碰到一些困难与挫折，也依然会感觉到：活得有滋有味！与此同时，人们的抗压能力与智慧也会不断地得以大幅提升。

一般情况下，当一个人正处在非常大的压力状态，或者处于极度的恐惧、愤怒情绪中时，人的心跳、血压、瞳孔与日常相比，都有非常明显的生理变化，随后吃饭、睡觉的节奏也可能不正常。**在极端压力或极端情绪状态下，透过人的生理、起居饮食的变化，我们会知道自己正处于压力之中，如果懂得压力管理的原理，借助"一分钟减压"，我们先让自己安静、冷静下来，至少让自己的心跳、血压回归到正常水平，然后再理智地处理身边真正棘手的事，这应该是非常理智和健康的生活方式。**

再者，透过自己情绪的变化，比如压抑、苦闷、烦躁等，我们知道自己正处于压力之中，借助情绪的

高效减压，你必须知道的事

警示，如果这个时候，主动借助"一分钟减压"，一分钟或很短时间后，人冷静下来，就能理智、理性地面对发生在我们身上的任何事情，压力之中的心跳、血压、吃饭、睡觉问题等也将随之回归正常，对吗？

非常遗憾的是：有不少人，因一些或大或小的负面压力事件之后，就会陷入常年的郁郁寡欢、杞人忧天、焦虑不安之中。**这种经年的负面情绪对人的身体造成的健康伤害更大，这也就是人们常说的"情绪会伤人"，这种伤害类似于"水滴石穿"的力量。**身体上的各种疾病也就是这么默默无闻地得上的。由此，也可以解释前不久发生在上海某医院的一个医学博士，自己查出癌症时，就是晚期，一周左右，人就走掉了，让人非常难以理解的是：他本人就是一个内科主任，才42岁。后来听他的同事说，他太忙了，不要说看病，就是吃饭，也经常误点。看来，在压力管理上，医生也不靠谱！发生这样的悲剧，本质上就是那种隐性的"水滴石穿"的压力或情绪惹的祸。

除此之外,人在负面情绪的"骚扰"下,与人相处时,思维容易走窄,有时什么样"恶劣"的事情都有可能做得出来,最常见的就是"怨怨相报",因恨而生敌意,因敌意而产生攻击,因攻击而滋生"冲动是魔鬼"式的恶性事件。

所以说,压力管理也好,情绪管理也罢,于人于己,都十分重要。

从某种程度上说,通过对负面情绪的感知来管理人的压力,是最便捷的。

透过情绪管理压力,还有一个好处就是类似于医学上的"治未病",也就是说,当我们体验到一些负面情绪的时候,就用"一分钟减压"快速让自己**回归平静、冷静。冷静之后,**再回去看一下:那些压抑、焦虑、烦恼的逻辑和动力到底是什么,然后一一做合理的解决与应对。

高效减压，你必须知道的事

减压是自己的事

一句话：鞋子穿在自己脚上，合适与否，只有自己知道。

生活中有一种人是：喜形于色！还有一种人是：喜、怒、哀、乐不形于色！

具体说来，无论我们在工作、生活中碰到什么奇葩的难事、怪事、痛苦或悲伤的事。**首先是经由自己引起的，其次是经由自己感受的，最重要的是经由自己决定要如何面对，不是吗？**

举例来说，年终加薪，本来已经找王Sir谈过话了，而且王Sir本人也觉得最应该加薪的人是自己，最终公布结果时却榜上无名。发生这样的事，是个人都会生气、愤怒惊诧、伤心等，然后呢？即使你的同事们、闺蜜们、亲友们为你抱不平，让你找老板讨个公道，或者他们亲自去找老板为你讨回公道，然后呢？如果老板还你公道，为你加薪了，当然皆大欢

一分钟减压

喜；如果不仅不加薪，还遇见雪上加霜的结果：你被辞退了，同时，你的同事、闺蜜一起也被辞退了，那么，然后呢？一次不算，生活中再有类似的事情发生时，再然后呢……就这样，稀里糊涂一辈子，是非常有可能的。

相反，同样发生上面的事，先用"一分钟减压"，让自己安静、冷静下来！然后用"多赢"思维思考：自己要不要找闺蜜说一说？要不要找老板问一问？怎么问？可能的结果有几种？自己最想要的和最不想要的结果是什么？如此等等，都由自己决定。**大事小事，一件件，都由自己想明白了之后，再决定，再做主，天长日久，那么清明豪迈的感觉就会与日俱增。**至少是：明明白白过一生。

所以，**无论旁人对你有什么样的冒犯，你都可以决定不生气，至少身体伤不起**。最好的做法是：先用一分钟减压，让自己平静下来，然后再做多赢理智的处理。

当一个人处在压力之中，还需要他人告诉自己：**你是不是压力太大了，你需要减压了！通常情况下，压力对人身体的伤害早就已经产生了。**

更重要的是：解铃还需系铃人。意思是说：心理上的压力，"心结"到底打在什么地方，只有自己知道。即使有人求助于心理咨询师，前提还要自己主动求助。

结论就是：当下感知压力或情绪，一分钟减压，才是智慧人生的境界。

用量表做"压力"测试是否有用

一句话：对问这个问题的人而言，做测试比不做好。

如果你对自己的情绪十分敏感，那么直接用情绪来做压力测试，就非常准确了。

当我们决定用量表测试自己的压力和情绪状态时，请记住：任何的量表，都是针对特定情境的可能反应而言的，而现实生活永远是鲜活的，每个人的存在也是独一无二的。**所以说，对不懂压力的人而言，压力测试只是一个开启，更重要的是：你在现实生活中，每分每秒的身心感受，都是最好的测试。**

还有一点需要特别说明一下：任何的测试，对结果的解读都是利用"**大数法则**"或"**正态分布**"的原理在解读一个人当下的状态，也就是说：如果最后测量出来的数据是落在大多数人都可能的数据区间时，就表示你是正常的，如同IQ正常的数据值为90~130一样，IQ如果有90以下，说明你有弱智嫌疑，如果IQ在130以上，也说明你有天才智商的可能性；同时，通过压力量表得出的结论也是一样，它也只是一种可能性而已：**不可不重视，也不能太当真！**关键还是靠自己日常的感受与体验。通常情况下：量表的效度在20%~50%，IQ（智商）、EQ（情商）测试等莫不如此。

结论是：如果你对压力不敏感，通过压力量表测试了解压力状况，也很好。

世界上最好的压力量表是：呼吸。呼吸正常，压力和情绪也正常！

过大的压力会对人的身体造成伤害

一句话：过大的压力是通过人的神经系统、内分泌系统、免疫系统影响人的健康的。

具体说来，比如，一个人突然遭遇"职场逼宫""企业破产""亲人离去"等，一定心急气躁，和平时相比，身心一定会体验到非常大的不同，如心跳加快、血压升高、瞳孔放大、新陈代谢旺盛等；在心理上会产生的体验是：震惊、失望、伤心、恐惧、愤怒、难过等。与此同时，无论人们有没有感觉到，人的体内会大量分泌压力荷尔蒙（包含肾上腺素、去甲肾上腺素、皮质醇等），以刺激人体即刻做好应对准备。正常情况下，当人在几秒、几分钟，最多几小时后，危机解除或人冷静下来之后，这些腺体的分泌就会回归到人的正常水平，尤其是避免人体的过度新陈代谢、过度能量损耗，导致健康问题。

然而，十分遗憾的是：由于大家不懂得压力的生理机制及相关知识，会长时间沉浸在早已经既成的压力事件之中，伤心痛苦不已，不能自拔。有的可能一念之差，做出一些更加失去理性的事情，如报复他人等。久而久之，因肾上腺过度分泌，造成身体因过度代谢而诱发机能失调，典型的反应如大脑记忆力减退，消化功能受损或减弱；因长期负面情绪的侵扰，还会致使人的免疫力急剧下降，这时，人除了特别容易疲劳、感冒，随之而来的，各种莫名其妙的症状和疾病，如皮炎、便秘、腹胀、失眠或偏头痛、消化道溃疡、高血压、冠心病、哮喘等也可能祸不单行，如期而至。

总之，高压本身不一定惹祸，而是长期沉浸于压力事件或负面情绪惹的祸。

换句话说：当健康有问题，或情绪低落时，我们就可以怀疑自己是不是压力太大了？

结论是：活在当下，对身心变化保持觉知是防止压力伤害身体的最好方法。

压力和遗传的关系

一句话：压力和遗传，因人而异，一般说来，越相信，相关性越大，反之则越小。

从人的神经类型、血型、气质的角度看，压力与遗传有非常高的相关性。

从家庭熏陶的角度看，压力与父母的个性及教养态度有关。也就是说：脾气不好的父母，孩子的压力管理意识与能力也越差。

从后天的努力来看，压力与遗传的关系，就显得非常微不足道了。

看看那些屡经挫折而最终成功的伟人、那些我们身边非常受欢迎的领导、或者在某一方面有所作为的人、或者那些没有遗传基因却能百岁的老人们，他们之所以能有所作为、能受人景仰，能健康长寿，**哪一个不是在压力、不幸、灾难、困难面前，一直抱有乐观、开朗、智慧的态度的结果呢？**

结论是：与人的心态和意志力相比，遗传对人的压力的影响，微不足道。

或者说，但凡一个人有点志气，都不应该从基因，或父母、家族那里去找借口！

第二类：压力与家庭的关系

丧偶的压力相对较大

一句话：配偶是在人世间与自己身心距离最近的人，一旦失去当然最伤心！

我国历来有一种说法，人生最悲惨的事莫过于：少年丧父，中年丧妻，老年丧子。

高效减压，你必须知道的事

撒开经济上的压力，在这三种不幸中，配偶是与自己相互支撑与依赖最紧密的人。正常情况下，人们结婚之后，与父母、孩子、亲友、闺蜜等人际关系相比，**配偶无疑是在时间和空间上，与自己互动最频繁、空间距离最亲近的人**。与此同时，当配偶离世之后，来自于身体、心理、周身熟悉环境和物件的提醒与暗示，无一不对"失去"本身造成更频繁的负面提醒和强化。所以，从总体上来说，失去配偶的压力指数相对较大也不足为奇了。

当然，即使是正常的或者恩爱的夫妻，我们还是要特别提醒一下：数值只是一种友善的提示，更重要的是——我们对压力事件的感知与积极应对。

从心理学的角度来看，夫妻关系是世界上一切关系之源，即有了夫妻关系，才有婆媳关系、亲子关系、妯娌关系、叔嫂（姑嫂）关系等。夫妻关系、亲子关系是伙伴关系、同学关系、朋友关系、同事关系等的原型与参照系。另外，正常情况下，配偶是我们在这个世界上与自己相依相伴最久的人。想想那些金婚的夫妻，至少50年，那可是半个世纪啊！因此，一不小心，尤其是意外失去之后，人们都会倍感痛心疾首，加上经济上的损失与生活上的不便，以及由此而引起的一系列问题更是不必多言。有亲自目睹或见证者，可能会体验其中一二之苦吧！

结论：配偶是与我们相互依存和陪伴最近、最久的人，甚至超过父母、孩子。

所以，珍惜婚姻，珍惜配偶！切不可等失去之后，悔之无泪。

父母的压力模式对孩子的影响很大

一句话：父母的压力模式是通过"心智模式"影响孩子的。

什么是心智模式呢？就是一个人认知事物的方式和态度。

高效减压，你必须知道的事

比方说："如何对待陌生人和事？如何对待考试和失误？如何面对吃亏和受骗？"等等，都会直接影响孩子的抗压水平。总之，父母对待新鲜事物，以及对待已经发生的挫折事件的态度越开放（**发生了，就发生了，没什么大不了的**）、越好奇（**哇塞，还会有这样的事情？真新鲜**）、越正面（**发生了，就面对，看看我们可以从中学习到什么**）等，孩子从中所学习到的抗压应对策略就越多，抗压能力提升就越强，**最关键的是学习到一些思维方式和应对策略，这些思维方式与应对策略就是心智模式的一种。**

相反，父母如果自小就不让孩子接触陌生人，对孩子所犯的错误都采取批评、指责、压制、处罚的态度，孩子的心智模式和抗压水平要么受限，要么会受到极大的扭曲。

仅就心智模式对孩子抗压能力的影响而言，如果父母在教育孩子时，坚信并坚持"生命为大，多赢为上"的原则,父母对待事物的认知越积极、开放、好奇,那么受其影响,孩子的抗压水平也就越高!世界也因此会变得更简单、美好!

如何化解生养孩子的压力

有三句话,可以化解生养孩子的压力:

第一句,十年树木,百年树人!

这就是说,孩子的生、养、育都非一日之功。老师的职业被喻为"人类灵魂的工程师"。**从"人类灵魂塑造"的角度来看,父母比老师的影响力大多了。**然而,十分遗憾的是:无论在孩子的婴幼儿阶段、学龄阶段,还是孩子的青春期及中高考阶段,能够懂得从"百年树人"的角度,主动学习,积极应对孩子成长中的问题的父母,实在是不多。

所以说,父母化解孩子生养压力的每一步应该是:主动学习如何当父母。

第二句,孩子因爱而来!所有的亲子压力,用爱

化解，是上上策。

毋庸置疑：天下所有的孩子都是因父母而来到世上的。无论父母彼此爱或者不爱，如果生养孩子遇到压力，哪怕是因为孩子无理取闹或调皮捣蛋，让父母无计可施时，父母还是应该牢记：爱是一切的源头，也是一切的终点。在爱孩子这件事上：**爱的本质是"用孩子能接受的方式，支持他们按自己的天性发展，并至少将他们培养成一个能自食其力，且身心健康的社会个体"**。

第三句，父母只是孩子暂时的领路人。最终孩子走什么路，由他自己决定。

所谓"暂时的领路人"的意思是：当孩子还不具备按自己的意志做决定的能力时，父母一方面需要从"百年树人"的角度去引导和教育孩子，另一方面，也需要在孩子很小的时候，就开始培养和引导孩子"自己为自己负责"的意识与能力。因为，人的一生，无论长短，父母陪伴孩子的时间都是有限的，父母再有能耐，也不可能对孩子负责一辈子。更何况，**人与动物本质的不同就在于人的独立意志**。换句话说，如果一个人在世间走过一遭后，凡事都不能"自己为自己做主"，他还有底气、有资格说"自己生而为人"么？

总而言之，作为父母，无论以前生养过几个孩子，面对新出生的孩子，都需要抱着好奇、开放、学习的态度与孩子相处，因为每一个孩子都是一个新的生命。每一个新的生命都需要用"百年树人"的眼光和智慧去培养，这样才能与他们共同成长和进步。

另外，在教养孩子这件事情上切忌：无原则打骂、惩罚孩子。**因为哪里有压迫，哪里就有反抗的"心"**。

过度地娇宠孩子，也是一种几近"残酷"的伤害。

如何应对青春期撞上更年期的压力

一句话：青春期和更年期本质上都是一种需要"特殊关照"的生理现象。

高效减压，你必须知道的事

一般说来，青春期的常见年龄是10~20岁；更年期的高发年龄是40~60岁。

所谓"特殊关照"是指：青春期和更年期都是由于性激素的变化而引发的非正常身心反应。对青春期而言，**由于性激素分泌旺盛，所以，这个时期的孩子张力更大、更容易冲动，破坏性更强**，用中医的话说，其减压原则就是：**血气方刚，戒之在斗**；与青春期相反，更年期是因为性激素分泌不足，除了有些身体上的不适之外，心理上也经常感觉烦躁易怒、心慌气短，用中医的话说，其生活态度最好是：**血气既衰，戒之在得**。心理上容易烦躁的人住在一个屋檐下，发生口水战，一定是不可避免的。

原则上，孩子是未成年人，遇上青春期似乎更无辜一点点；而父母是过来人，无论是面对孩子的青春期，还是面临自己的更年期，似乎都可以提前做点功课，至少二者是一不小心碰到一块，与孩子口角、激烈争吵，尤其是他们的所作所为令你无限惊诧时，**请千万提醒自己：马上闭嘴**。此时不要说孩子，血气未定，容易胡说、胡闹，就是夫妻之间，激烈争吵时也极容易陷入"恶毒"的人身攻击的状态。情急之下孩子会如何"攻击"父母，父母面对孩子的"狼心狗肺"会做出什么样的反应，谁也不知道！作为心理咨询师，我见过大量的母子、父子关系紧张的案例，起因大多是正处于孩子青春期或者父母正处于更年期，或者两者相撞之时，**本质上都是"性激素"惹的祸**。十分悲哀的是：父母对此一无所知。

可怜天下父母心！世界上血缘最近的人之间，爱都来不及，会有什么恩怨呢？尤其是在中国"不孝有三，无后为大"的传统家文化熏陶下，父母眼睁睁地看着自己生养出来的孩子，成为自己的"敌人"，或者父母与孩子一不小心"斗"出点事来，恐怕天下再也没有比发生这样的事更让人伤心、内疚的吧？

所以说，真有一天，父母发现孩子与自己"顶嘴""较真""出言不逊"时，就可以怀疑是否是孩子青春期逆反或者自己更年期反常的时代已经到来了。父母和孩子都需要共同去了解一下青春期、更年期的典型反应是什么，相互之间商量下"如何积极应对"。**作为父母尤其要学会"闭嘴"**。有道是：大人不计小人过。

这就是说，在这样的冲突压力之下，父母应该先于孩子冷静：止言止行。

从情感的角度看：**两者相害，取其轻**。父母似乎更有胸怀宽容、退让。

从西方的家庭系统排列的角度看：新的生命（孩子）优于旧的生命（父母）。用中国话说就是：**水总是往下流的**。

总结一下，当青春期撞上更年期，父母最好主动做些功课：

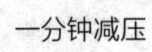

或者学习一些"青春期"孩子的典型身心特征与应对；

或者学习一些"更年期"成人的典型身心特征与应对；

再或者，冲突一旦发生时，先止言止行，然后及时请教一些专业人士。

另外，当孩子青春期逆反时，及时上网看看别的孩子言行、别的父母的对策，尤其看看那些悲剧的原委，似乎对父母或孩子而言，都应该是非常好的学习与借鉴。

如果发现自己更年期症状特别严重，那么请立即去医院求助医生！

第三类:工作与压力

压力会对人的身体造成伤害

（说明一下：因工作时间过长或工作环境对身体

造成的伤害不在本书讨论之列。）

一句话：更隐秘的伤害源自于我们大脑内狭隘的观点与负面的情绪。

比如在工作上只能升职，不能降职，降职"我"就完蛋；

只能加薪，不能减薪，减薪"我"就感觉挫败；

工作只能越来越好，不能越混越差，混差了，"我"就感觉特别没面子；

领导、同事、下属必须说我爱听的话、做我希望看到的事，否则不是他们有问题，就是自己弱智、被大家瞧不起、被大家欺侮，如果这样，"我"生不如死；

员工必须人人都准时上班，不得请假，"我"尤其讨厌经常请假、迟到的人；

……

当然更为严重的伤害是：当事人对自己时时、事事"苛求"却不自知，比如：

人，只能勤奋，不能懒惰；只能聪明，不能愚笨；只能优秀，不能平凡；只能漂亮，不能平平；只能高大，不能矮小；只能和谐，不能凶险；只有工作，不能偷闲；只能按规矩办，不能越雷池半步；只能健康，不能生病；只能活，不能死……如此等等，我们每个人都可以看看，这些近似于机器、近似于神经病的想法，是不是自己都或多或少地存在呢？

曾经，我参加过一个名为"真爱之旅"的高端课程。老师让大家三个人一组训练一个句型为"我可以勤奋，我也可以懒惰，当勤奋和懒惰合而为一时，那将是一件美妙的事！"其中包含20对如"勤奋—懒惰""聪明—愚笨"等的正反形容词。一个极其奇怪的现象是：当大家训练到大约一半时，几乎一大半的人都泪流满面，我也不例外。在那些流泪的人中，不乏企业家、企业高管、项目负责人，高端自由职业者。**由此看来，越优秀的人，对自己越苛刻，当然对**

别人也不会例外。

这种"只能……不能……"的思维方式，在本质上，也是心理学上所说的一根筋思维模式，生活中也称钻牛角尖。尤其当自己陷入某一个压力事件之中不能自拔时。久而久之，我们现在知道：因为精神紧张，内分泌持续分泌，**其对神经系统、内分泌系统，以及免疫系统的伤害也是非常严重的。**

由此说来，今后再碰见自己因为某一件事或者同事的某一个言行而不能释怀时，就可以怀疑一下：自己是不是又"一根筋了"？或者进入了"非黑即白"的思维模式？

如果是，就请立即用"一分钟减压"法，先让自己安静或冷静下来。此时，我们只需转个身，或者用"一念反转"问自己，回头便是岸了："我怎么会有你这样的下属？"反转为"你怎么会有我这样的领导？"

其实，一念反转应对"一根筋"或"钻半角尖"式的思维模式非常管用。

重要的是：思维变了，我们的内分泌系统、神经系统也会跟着变。人也健康了！

如何处理工作中的人际压力

在职场上，成也人际压力，败也人际压力。

从我们进入职场的第一天起，我们就应该清醒地认识到：没有他人，我们什么也不是，什么也做不了。所以，领导也好，同事也罢，下属也好，他们都是让我们进入职场，并在职场中存在和创造价值的重要前提，无一例外（人岗不匹配者除外）。

在这样的前提下，我们再来看看：职场中的被误解、被批评、被轻视等，都是与人在一起，在每个人身上，或迟或早，或大或小，都有可能发生的事，不是吗？

可能发生的，发生了就发生了，积极面对就行；

高效减压，你必须知道的事

即便发生更严重的压力事件，甚至有天灾人祸发生，生活还得继续，不是吗？ 何况有一句在网上流行已久的话，我们也可以参照一下：世界很大，我想去看看。出去看看（辞职），只要是理性的选择，也是可以的。

另外，有一句在大公司（员工上万的职场）流行的话，也十分有哲理：**把批评当表扬听，把表扬当批评听**，在职场几乎无恩怨可言。

再延伸一下：把晋升当压力看；把减薪当动力看，似乎也是非常经典的职场哲学。

如何处理工作中的业绩压力

业绩压力对于公司而言，**是命脉，是生命之本，所以必须存在**。从员工人格与个性上讲，业绩压力非常适合偏好竞争、舞台、名利的人。且无对错之分。

通常来说，人上一百，形形色色，大千世界，无奇不有：有人喜欢动，就一定有人喜欢静；有人喜欢和谐，也一定有人喜欢竞争。

所以，在职场上，于公于私，从双赢、多赢的角度分析，完成业绩的事，就应该招聘对它有偏好的人去完成，否则，要么自讨苦吃，要么死路一条。

在选对人的基础上，**由心理学的"耶基斯·多德森定律"表明：压力适中，业绩或绩效是最好的**；压力不足或压力过大，绩效都不好。与此同时，"耶基斯·多德森定律"还表明：**压力适中时，对人的健康也是最好的**，那些英年早逝的人无不是压力太大或持续压力的缘故；而那些刚一退休就莫名其妙地生病的人，也大多因为压力突然骤减惹的祸。

由此，可想而之，一个人为了工作的业绩或绩效，总是吃不下饭，睡不着觉，且严重危及到了身体健康，那么接下来必然面临两个结果：或者辞职，或者被辞退。因为，无论谁，与健康或生命抗争，一定是死路一条。

在职场上,如果暂时面临业绩压力或工作压力怎么办呢?

先用深呼吸或一念反转法,让自己安静、冷静下来。

宁静致远!人安静了,应对业绩的对策、办法自然就有了!

人工作的动力到底是什么

一句话:精彩地活着!——中国首届独臂达人、钢琴王子刘伟如是说。

以前,人们常说,工作是为了生计;男人们常说,工作是为了养家糊口;女人们常说,是为了经济独立,经济独立了,人格才能独立。

李嘉诚说:"我这么有钱,每天还准点上班,是因为不上班,就不知道要做什么。"

退休后还被返聘的人说,工作不是为了收入,是为了让自己更充实、更健康!

自由职业者说,自由职业什么都好,就是感觉"太孤独了",所以还是工作好!

"90后"说,工作是为了做自己喜欢做的事,同时,还有收入。

中国首届独臂达人、钢琴王子刘伟失去双臂时说:"要么让我死!要么精彩地活着!"

20多岁的人说,工作是为了自己养活自己;30多岁的人说,工作是为了买奶粉;40多岁的人说,工作是为了实现自我价值;50多岁的人说,工作是为了体验生命的存在感;60~80岁的人说,不工作,就会生病……

综上所述:**你的工作动力或工作理由,由你自己定!也只有自己定义才叫动力!**

纵观整个生命的历程,我非常认同:工作是为了更精彩地活着!

不然，你好好试试：一天，一月，一年，一生，不工作，会发生什么？枯萎，似乎是唯一的结果。

另外，心理学家也告诫世人：**世界上最严酷的惩罚不是酷刑，而是"关禁闭（孤独）"**。一个月不工作，一年不工作，与关禁闭有何异同？

所以，当你不想工作，抱怨工作的时候，请一定记得：工作还有一个重要的价值和功能就是——**工作时，人的身体、心理、精神的健康更有保障**。

在工作中，如何构建健康的压力支持系统

所谓压力支持系统，是指在高压状态下，会在心理上给人带来**归属感、支持感、温暖感、力量感、价值感的人际关系或系统**。可以想象一下，一个人，工作上无论有多大的压力，如果在心理上总感觉有一些或一个人会无条件地支持自己、爱自己、接纳自己，或者在精神上总能体验到：我的生命是有意义的，再苦再难，都要坚强！如此等等，那将是一份多么大的

慰藉与力量感!

一个人,外在的人际联结发达或内在的神经联结发达,都是压力支持系统强大的表现。换句话说,人际关系好,或内心强大,都是压力支持系统健康的表现。

让自己**内心强大**的方法有二:

第一,读万卷书。专业的、时尚的、文学的、心理的、哲学的、悬疑的、喜剧的……

第二,行万里路。旅游、远足、暴走、慢跑、散步、逛街、参加义工活动……

让自己**人际关系丰富和发达**的方式有三:

第一,核心圈。配偶、家人、亲友团、闺蜜、红颜知己……

第二,社交圈。驴友、棋友、钓友、学友、吃友、牌友、诗友……

第三,兴趣圈。长期结伴读书,结伴运动,结伴画画，哪怕是结伴吃，也很好！

更为重要的是：

无论在家里、在单位，最好能与自己沟通最多且冲突最频繁的那几个人建立一种契约。契约的核心是：双方约定，一方脾气不好、脸色难看时，另一方要么立即闭嘴，要么立即闪人；等事后，双方再找个时间，换个地方，大家一起聊聊。

这种契约有一个好听的名字叫"太极之约"，也就是说，"冤家"即"亲家"，理同"成也萧何，败也萧何"，"解铃"还需要"系铃人"。

譬如闺蜜之间、夫妻之间，上下级之间，亲子之间，尤其是孩子渐渐迈向青春期时，父亲和儿子或母亲和女儿之间，订立这样的"太极之约"不仅会大幅度减少彼此之间无意的、恶性的伤害，而且还会大幅度提升彼此之间的信任与心理联结。心理支持与援助系统的价值也由此可见一斑。

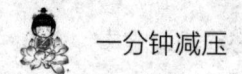

这种契约，尤其在减压这件事上，极其重要！毕竟"远亲不如近邻"。

总之：日常践行"读万卷书、行万里路、阅人无数"，都是在为自己构建最好的减压支持系统，或者说为自己建立强大的心灵支持系统提供最强有力的保障！

一 分 钟 减 压
One Minute Decompression

主动减压，你必须做的10件事

一分钟减压

古人以为，人生最好的修行莫过于：读万卷书，行万里路，阅人无数。

这句话从减压的角度来看是指：一个人的阅历越丰富，见识越多，思想越开放，遇事越容易看清、看透；也越容易应对压力事件，至少不会受到压力的困扰与伤害。

综合所有修行的方法、路径，要达到主动减压的目的，最好能有计划地做以下10件事：

第一件事，去妇产科，去生命开始的地方，感受生命的美好、艰难、脆弱！

美好：宝宝即将降临人世，这对妈妈爸爸、爷爷奶奶、外公外婆来说，那将是多么美好、多么期待的时刻！

我曾听说，因为等孙子降生，一个爷爷"硬"是在医院家庭产房三天三夜不回家。那曾是一份什么样的期待啊！从生命传承的角度看，哪一位父辈、祖辈又不是如此呢?

艰难:在产房多留意一下那些难产的妈妈们,对她们来说,生孩子无异于"过鬼门关"。有些人一天一夜,两天两夜,三天三夜甚至更长;还有的人为了生孩子,甚至大出血丢了卿卿性命。要么自己体验,要么亲自去产房看看,个中滋味自在其中。在此,也向天下所有的妈妈们致敬!

脆弱:一个新生儿,刚生下来的时候,有的三四千克、有的甚至不足两千克,早产儿甚至更轻。我的孩子生了12个小时,生下来时只有三千克,亲戚家的小孩看见他的样子说:"哇!手指像小鸡的爪子,好难看啊!"是啊!对于新生儿来说,能母子平安,顺利降生就已经皆大欢喜了,哪里还讲好看?

对于一个生命来说,从生下来,到活下来,到上学,到工作后自食其力,何其不易啊!

无限风光在险峰!生命唯其艰难、脆弱过,在压力面前,在困境之中,我们才更需要用爱心、用意志力、用智慧去呵护、去珍惜、去迎接生命中的每一个挑战!

第二件事,去孤儿院,去感受一下生命的无辜与无赖。

无辜:在孤儿院,无论你看到的是健康还是有残疾的孩子;无论你看到的是快乐的还是抑郁的孩子,他们在内心都有一个强大的期盼与呐喊:"爸爸、妈妈,别人都有父母,我们为什么没有?你们在哪啊?"

期待:无论父母有没有养育过孩子,在孩子的心目中,一生在内心中都会寻找、惦记、依恋、期待的人都是父母!即使养父母或将自己养大的人比父母对自己好一百倍,都难以抵挡那种来自血缘上寻根动力的纠缠!中央电视台《等着你》节目可见一斑。

第三件事,去参加一场结婚典礼,去感受一下爱

的初衷与美好。

初衷：无论富贵贫穷，无论健康疾病，无论顺利曲折，都要好好爱对方一辈子。

前不久，读到过一篇文章，题目叫《婚姻是江湖》，大意是说：孩子3岁多，老生病。自己信中医；婆婆是医生，信西医。于是，孩子一生病，家里就会硝烟四起。当时自己精疲力竭，忍无可忍，决定一个人去香港散散心，过完年就离婚。为了保证自己外出时，家里不出意外，于是打电话将自己的行程告诉了老公，不料老公在电话里说："我陪你"。听到"我陪你"这三个字时，文章作者说："一种久违的感觉袭上心头……"香港，正是他们相识、相恋、相爱的地方，**一周的时间，令他们完完整整地找回了爱的初衷，**一场看似一潭死水的婚姻，重又焕发出它本来的活力！

美好：婚纱、婚礼、音乐、仪式、誓言、来宾的祝福，一切的一切，无不寓意着美好！你、我、他的婚礼莫不如是！

第四件事，去西藏、拉萨，去感受一下西藏的神秘和呼吸对生命的重要。

神秘：西藏的活佛、建筑、服饰、法器、神坛、咒语、占卜等无不散发着神秘的气息。

呼吸：在西藏呼吸有如神灵。当你感受到呼吸的时候，要么与神同在，要么与魔鬼同行。尤其是缺氧时，那种山崩地裂式的头痛，更是会让你感叹：西藏到底是天堂？还是地狱？是地狱，又为什么又有那么多如诗如画的美景与传说？是天堂，又为什么会让人不期而遇地感受到如"下第18层地狱般"的痛苦呢？

第五件事，去上海，去感受一下生命创造的世界有多奢华、典雅。

奢华：在上海，当你走在摩天大楼林立的陆家嘴，仰天环视：东方明珠、金茂大厦、环球金融中心等一个个地标建筑时；当你走近黄浦江边，隔江远眺外滩一座座万国建筑时；当你走进上海国际会议中心、上海海洋水族馆时，无不惊叹生命创造的奢华与人间奇迹！

典雅：在上海淮海路外滩，当你走进一个个商铺，细看一件件价值连城的商品，其外观、式样、质地、做工、手感、美感等，无不惊叹：件件都是人间珍品！

奢华也好，典雅也罢，都是人类相互协作的智慧的结晶。人，必须借助群体才能创造并享受人间的奢华与典雅，**没有人，没有你、我、他，任何的奢华和典雅都毫无意义。**

可以想象一下：整个金茂大厦88层，只有一个人上班，有意义吗？谁敢？谁愿意？

虽然只是想象，但是你会发现，离开群体，不仅寸步难行，而且索然无味。

第六件事，去参加一场大型的文艺晚会，去感受艺术对生命的精湛诠释。

艺术：美声、民族、摇滚，小品、相声、杂技、舞蹈等，哪一门不是生命的杰作？

诠释：台上也好，台下也罢，哪一种艺术不是在表达：**人，才是大自然最美丽的精灵！**

走一走，看一看、听一听，唱一唱、跳一跳之后，你会发现：工作时好好付出，休闲时好好享受与欣赏，工作休闲两不误，活着的感觉真好！

第七件事，去养老院，去感受生命的衰老与无助。

衰老：在养老院，你会看到：人终究会老，那些代表衰老的皱纹、白发终会与你相伴。

无助：无论你多有钱、有势、有尊严，每个人终究有耳聋眼花，大小便失禁的一天。

既然如此，在生命最有活力、最有创意的年龄，何不认认真真地创造生命的精彩与美好呢？！

既然生老病死人人都会经历，何必去焦虑明天呢？何必杞人忧天呢？当下正好。

第八件事，去精神病院看看，去感受解脱与智慧的差异。

解脱：在精神病院，你会诧异：那些身体健康却手舞足蹈的人，到底是真疯？还是装傻？他们对现实世界是真不知道？还是时而清醒？时而糊涂？他们康复的可能性到底有？还是没有？**如果他们康复的可能性完全没有，那么这样的解脱，你要不要呢？**

智慧：**在人们心目中，佛堂是一门智慧解脱的学问。** 所谓智慧解脱，意思是说，再苦再难的事，你不是不在乎，不计较，不生气，而是你知道其中的规律，你知道可能的后果，只是顺势而为，只是不争而已，只是接纳而已，大不了，从头再来罢了！

第九件事，去ICU病房，去感受生命的挣扎与无常。

挣扎：ICU即重症监护病房，潜台词是：离死亡仅一步之隔。有的人经历几天几夜的"挣扎"之后，又回来了，回来后的生命：有的阳光灿烂；有的萎靡不振，结果可想而知。

无常：男人、女人，大人、小孩，不分年龄，不分性别，不分种族，进入ICU之后，稍不留神，就可能与亲人阴阳相隔。由是，你不得不感叹，生命一方面无限精彩；另一方面，又极其无常。疾病和意外似乎可以发生在任何年龄的任何人身上。

唯其无常，我们才要让每一个活着的当下精彩，至少不作孽、不留遗憾，对吗？

不看不知道！无论如何留心去看看，哪怕一眼，你也会对压力释然很多。

第十件事，去火葬场，去感受一下生命的仓促与简单。

仓促：我想无论一个人多么无神论，对"死"总归是怀有一丝不安或恐惧吧！然而，当你去到火葬场之后，你会发现：所有的伤心、所有的离别都经不起等候，因为火葬场的"炉子"是要排队的，排队的人也是一拨又一拨的……

简单：一个人生前无论有多少故事，一切的一切，生命都会还原成一个小小的盒子。

突然之间，你会发现：原来，死是一件极其简单，简单得没有一点意义的事情。**人，只有活着，开开心心地活着，才可以体验到鲜活、精彩、生动、精美和神奇！**

生命到底是美好的？还是艰难的？

人生到底是幸福多？还是痛苦多？

活着到底是压力大好？还是压力小好？

不经历生命的风风雨雨，哪来积极阳光、真实可信的结论呢？

我个人的强烈而真实体验是：

去西藏，即使站在世界之巅，即使天下美景已经尽收眼底，即使住在五星级的宾馆里，如果突然呼吸困难，人马上就会体验到"生不如死"！

因此，活着时，请时刻观照"呼吸"是否正常！

去火葬场，我突然发现：无论人们精心准备了多么隆重的告别仪式，结果都一样：一盒灰！无论你曾经想象那里有多可怕，而真相是：近似于流水作业一般的导引，让你无暇悲伤！

因此，人世间没有比去火葬场更仓促、更悲凉的了！死，真的毫无意义！

去精神病院（注：我曾经陪导师去做课题调研），我突然发现：

与天下所有的痛苦相比，人生最难以接受的"痛"莫过于：虽然你活着，但是自己却不知道！也许有些人会说："哎哟，这不就解脱了吗？"关键是，你解脱了，你不知道哇！有可能，亲自去体验一下，感触会更深。

如果不是死到临头，真没有什么事好让你伤心、难过、焦虑、悔恨的。你看看那些手舞足蹈，口中依然还在唱、还在叫、还在骂的人，他们完全不知道自己正在干些什么？当然更痛苦的应该是那些大脑一时清醒、一时糊涂的人吧？

本章的结论是：

世事无论多艰难，只要是活着，就一定有路走！

无论发生多么奇葩的压力事件，向着阳光的方向走，一定是越走越光明！

当下压力无论多大，只要人还可以正常呼吸，就记得：一分钟减压！

好好活着，珍惜当下！珍惜生命！珍惜身边的每一个人！

后记

文章至此,《一分钟减压》就要告一段落了。

此时,我特别想说的几个词是:精神,初衷,期待。

精神

从压力管理的角度来说,精神的力量是一个人生活下去的全部。

中国有一句话叫:"哀,莫大于心死!"

这句话中的"心"与我所说的"精神"是一回事。

精神,往小处说,是指人活着的动力;往大处说,是指人的生命追求。

精神的力量是说:人无论压力大小,贫穷富贵,成功失败,疾病健康,精神不能死!

尤其是当今社会,物质极大丰富,生活日益奢华,信息极度发达的年代,精神的追求更重要!因为,**由压力过大到抑郁症、焦虑症、失眠症等,莫不**

是与人的工作、生活动力迷失相关。由此，也特别提醒大家：世界上最险恶的"坎"莫过于在精神上濒临"绝境"。与此相对，减压也好，救人也好，焦点都在：唤醒或提升一个人对生命、生活的渴望。只要精神不死，再大的压力，在充满渴望的生命面前，都是小菜一碟，对吗？

生活中，积极心态也好，正能量传播也罢，目的都是为了唤醒和激发人们的精神动力！

牢记这一点，我们做人、做事，与人相处时，似乎就有了一个永恒的指南针。

初衷

我写《一分钟减压》的初衷是：让每一个职场人，或多或少，对压力的基本知识、技巧有所了解，对自身的压力有所警觉。经常用《一分钟减压》的某个方法清理、滋养一下自己，那种感觉，就好像每天起床之后或睡觉之前，刷个牙，洗个脸，冲个澡，清理清理自己，神清气爽，然后该干吗干吗！

或者遇见非比寻常的压力时，用《一分钟减压》中的方法及时减压，回归安静、冷静、理智的状态后，该退则退，该进则进！该干吗干吗！

或者身边的人遇见一些非比寻常的压力时，向他们推荐《一分钟减压》，直接教他们一分钟减压的方

后记

法，或者帮助他们求助于专业的机构，然后该干吗干吗！

以前，我总以为只有掌门人或一线销售的人压力最大。

2015年，当我开始涉足多个行业时，清清楚楚地发现：

互联网+时代，人人都面临着"互联网转型""微信绑架"的压力。

尤其是2015年夏季，在上海地铁行业调查、访谈、上课约三个月后，更是为地铁司机、站台客服、检修师傅们每天所面临的几百万人流量的真实压力所折服！由此，也让我深深地体会到：生命重于泰山！人的生命是万事万物有意义、有价值的源头。

为此，我也深深地感受到：讲再多的"一分钟减压"课，对正在经历巨大压力的人而言，其受益面也是有限的。如今微课流行，即便天天听课，减压的效果也如同"隔靴搔痒"。

总之，听别人讲减压，不如自己经常了解或普及一些有关减压的知识有效。

期待

大家的期待是我写作的动力，也是压力！

对我而言，这本《一分钟减压》只是抛砖引玉的

一分钟减压

"砖",原因是:

一方面,压力时代已经来临,应该说有多少种人,有多少种职业,有多少个家庭,压力就似乎应该有多少种形态,然而,由于自己的阅历、见识有限,对行业压力现状、岗位压力大小了解有限,或把握不准、表达不清晰,或借由文字表达不周密,因而担心误导了大家!

另一方面,由于本人才疏学浅,孤陋寡闻,书中所提及的"一分钟减压"的10种方法,限于自己的修炼与体悟有限,在写作的过程中还难免存在挂一漏万之嫌,如此种种,一直惴惴不安!

好在,仰仗《一分钟减压》的理论:

以人的"精彩地活着"为前提,接受一切的可能性!

所以,真诚期待大家批评指正!

真心期待大家在读、看、用《一分钟减压》的过程中,积极反馈,不惜赐教!

再次感谢:

所有在写作《一分钟减压》的过程中支持、鼓励我的前辈、领导、朋友、家人们!

谢谢大家!

祝福大家!

郝正文
2016年3月25日